新时代交通强国建设研究论丛

U0210364

国际跑道安全事故与事件案例选析

中国民航管理干部学院
东航技术应用研发中心

谢智辉　孙延进　主编

中国民航出版社有限公司

图书在版编目（CIP）数据

国际跑道安全事故与事件案例选析/谢智辉，孙延
进主编.—北京：中国民航出版社有限公司，2023.8
ISBN 978-7-5128-1178-2

Ⅰ.①国… Ⅱ.①谢… ②孙… Ⅲ.①飞机跑道–安
全事故–事故分析 Ⅳ.①V351.11

中国国家版本馆 CIP 数据核字（2023）第 016760 号

国际跑道安全事故与事件案例选析

谢智辉　孙延进　主编

责任编辑	刘庆胜　符雯婷	
出　版	中国民航出版社有限公司　（010）64279457	
地　址	北京市朝阳区光熙门北里甲 31 号楼　（100028）	
排　版	中国民航出版社有限公司录排室	
印　刷	北京建宏印刷有限公司	
发　行	中国民航出版社有限公司　（010）64297307　64290477	
开　本	787×960　1/16	
印　张	13.5	
字　数	236 千字	
版印次	2023 年 8 月第 1 版　2023 年 8 月第 1 次印刷	

书　号	ISBN 978-7-5128-1178-2	
定　价	55.00 元	

官方微博　http://weibo.com/phcaac
淘宝网店　https://shop142257812.taobao.com
电子邮箱　phcaac@sina.com

编 委 会

主编：谢智辉　孙延进

编委：周生睿　王奕秋　周青青　张　路
　　　刘亮亮　杨乃洲　赵文涛　徐一沛
　　　王　志　侯　坤　孙小强　于　祯
　　　武梅丽文

前 言

　　跑道安全是当前国际民航界安全管理工作的重要领域，跑道安全事故是国际民航组织《2022年安全报告》列出的高风险事故之一。国际民航组织于2017年在南美洲利马召开了第二届全球跑道安全研讨会，发布了面向全球民航业的《跑道安全行动计划》，鼓励缔约国开展跑道安全管理组织建设，鼓励在全球各地区组织跑道安全管理经验的研讨与分享。相关国际组织和国家民航局也将其列入了长期工作计划，并定期更新相关工作方案和指南。欧洲空管组织在2021年发布了《全球防止冲偏出跑道计划》。美国联邦航空管理局也在连续多年发布《国家跑道安全计划》的基础上，于2022年更新发布了《2022—2024年国家跑道安全计划》。国际机场协会也于2022年发布了《跑道安全管理手册》（2022年版）。继2008年发布《中国民航跑道安全规划》之后，中国民航局2019年发布了《中国民航跑道安全工作指导意见》。国务院安委会2020年印发的《安全生产专项整治三年行动计划》将跑道安全列为民航专项治理需要管控的重点安全风险。国内相关运行单位在落实上述规划和指导意见工作中积累了较多经验。在局方的组织下，跑道安全的组织管理、跨单位跨领域合作、技术应用等工作得到加强。与此同时，近年来一些在我国登记的航空器在境内外发生的风险较高的跑道安全事件也引发了行业以及社会对该领域安全风险的关注。如2018年我国航空公司一架航空器在菲律宾马尼拉着陆时偏出跑道，2022年在重庆也发生了航空器起飞阶段偏出跑道事件。这些事件的发生，使得业界对跑道安全管理工作在当前安全管理工作中重要性的认识提高到新的水平。

　　宋代苏轼曾写道，"博观而约取，厚积而薄发"。对今天的跑道安全管理工作而言，广泛参考历史案例，吸收可用经验也是必要的。相对于国内较少的跑道安全案例类型和数量，国际跑道安全的事故和事件发生数量大、类型丰富。国际跑道安全事故或者事件经过调查，当地局方也提供了详尽的事实信息和分析结论，这是案例素材的重要源泉。本书整理了全球跑道安全信息，展望了跑道安全管理的国际环境，整理了跑道安全领域的十个案例。案例涉及跑道侵入、冲偏出跑道、跑道混淆三个方面。案例选择力求可以代表不同类型、不同机型、不同运行阶段、不同机场运行环境的跑道事故或事件的特点。案例内容包括事故或事件概要、过程描述与过程分析以及事故调查机构调查后的安全建议。

从这些案例可以看出，跑道安全事故的诱发因素是多层次的，涉及航空公司、机场、空管的运行管理方式，涉及气象、照明、软硬件条件等环境因素，也涉及航空器性能、人员训练与生理心理等人员状态。这些案例的详细材料可供航空安全管理人员从人、机、管、环角度分析，也可以参考相关事故致因理论从其他不同角度进行分析。案例中揭示出的一些跑道安全的长期研究领域，例如跑道道面污染物状态与飞机着陆性能的关系，至今仍然是民航界持续关注和改进的领域。案例分析中也对一些概念，如"无干扰驾驶舱""疲劳风险管理""期望偏见"等在运行安全领域的影响和应用进行了探讨。从这些事故和征候中总结出的管理和技术提升需求，可为从事航空安全管理或相关技术开发的人员提供参考。

本书的顺利编写完成得益于民航局航安办领导的指导，以及中国民航管理干部学院、东航技术应用研发中心等单位相关专业人员的支持。中国民航管理干部学院教师负责了本书第一章撰写以及后面三章案例的校对工作。东航技术应用研发中心的研究人员承担了本书第二至第四章的案例资料整理和案例编写工作。关波老师为本书编写提供了建议，在此一并表示感谢。

国际跑道安全事故和事件案例编写涉及民航多个领域的专业知识，涉及不同国家航空安全监管机构和事故调查机构的专有名词，文中难免有疏漏之处，请相关专业人士指正。

编 者

二○二三年五月

目 录

第一章　跑道安全管理国际环境

一、全球跑道安全管理形势

跑道安全事故是全球民航高风险事故的重要组成。国际民航组织（ICAO）在每年发布的《ICAO安全报告》中对跑道安全事故进行专门的统计分析。该报告列出的跑道安全事故通常有冲偏出跑道事故、跑道侵入事故等。2019年以来，该报告将冲偏出跑道和跑道侵入这两类跑道安全事故与飞行失控（LOC-I）、可控飞行撞地（CFIT）、空中相撞（MAC）并列作为五大类高风险事故来进行统计。其中，冲偏出跑道（RE）事故中的致命事故在2019年和2020年占致命事故总数的比例均超过了50%，冲偏出跑道事故的风险已经得到民航界的高度重视。对于跑道侵入事故而言，该类事故数量相对少，不是每年都有跑道侵入事故发生，但近期来看也有发生概率增加的趋势。《ICAO安全报告》显示，2021年全球商业航空事故中有2.1%的事故是跑道侵入事故，而2020年和2019年没有跑道侵入事故记录。虽然全世界不是每年都发生跑道侵入事故，但一旦发生，有可能造成很严重的后果，民用航空有史以来单次事故造成死亡人数最多的特纳里费岛空难事故就与跑道侵入有关。

跑道安全管理是全球民航安全管理的重要领域。为推动改进全球民航跑道安全管理工作，ICAO制定并实施了跑道安全方案，并致力于推进跑道安全管理的交流与合作。通过推动区域性的专题研讨会、支持建设跨专业的跑道安全团队（RST），共享最佳实践和创新方法，促进全球民航跑道安全领域合作机制的形成。ICAO于2011年5月在其总部召开了全球跑道安全专题讨论会（GRSS），会议确定了地区跑道安全工作系列的框架，还获得了相关合作组织继续参与并支持跑道安全工作的承诺。2017年ICAO在南美洲利马组织召开了第二届全球跑道安全研讨会，发布了面向全球民航业的《全球跑道安全行动计划》。

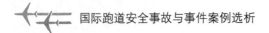

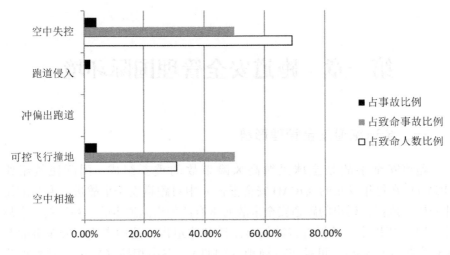

图 1.1.1　2021 年全球高风险事故比例图

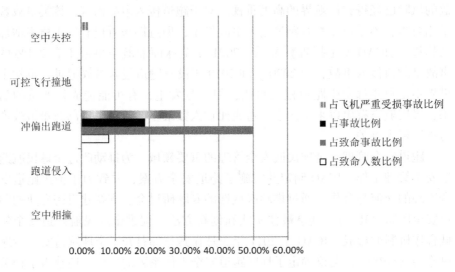

图 1.1.2　2020 年全球高风险事故比例图

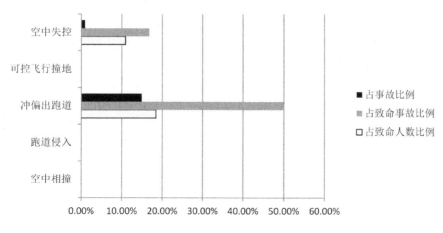

图 1.1.3　2019 年全球高风险事故比例图

历史数据显示，通过全球民航界的协作，跑道安全管理工作可以取得显著成效。《ICAO 安全报告》指出，2006—2011 年期间，全球发生的事故和致命事故中，和跑道安全相关的事故占事故总数的百分比呈现明显下降的趋势。每年跑道安全相关事故占总事故比例从 2006 年到 2011 年期间的近 60%下降到 2012 年的 48%，而每年跑道安全致命事故占总致命事故比例从 2006 年的 18%下降到 2012 年的 1%。

二、跑道安全事件的主要类型

跑道安全管理涉及的研究范围有广义和狭义之分。广义的跑道安全管理是指用于减少跑道侵入、冲偏出跑道和其他跑道安全相关事件的发生，并降低其风险的管理活动。广义的跑道相关安全事件的外延范围比较广泛。ICAO 在《ICAO 安全报告》（2020 年版）中所统计的"跑道安全相关事件"范围包括：异常跑道接触、鸟击、地面碰撞、地面运行事件、冲偏出跑道、跑道侵入、地面失控、障碍物碰撞、跑道外接地。国际机场协会在其发布的《跑道安全管理手册 2014》中指出，跑道侵入、冲偏出跑道、跑道混淆、外来物和野生动物管理是跑道安全相关的重要关注领域。按照上述广义的范围来统计，跑道安全事件不仅仅和跑道道面的不安全事件相关，跑道附近周边发生的一些航空器不安全事件也纳入了统计范围。狭义的跑道安全主要关注航空器在跑道运行中发生的事件，我国国内的跑道安全研究主要集中在冲偏出跑道、跑道侵入、跑道混淆这三个跑道安全管理领域。跑道安全管理的最终目的是减少跑道安全事故的发生可能性、降低事故损失。从事故数据角度看，这三个领域的事故的发生概率呈现不同的特点。国际飞安基金会分析了Ascend公司出版的世界航空器事故总结（WAAS）中的数据，分析显示，在1995年至2008年的14年间，涉及商业运输飞机的事故总计1429起，这里包括重大事故和严重损坏事故。1429起事故中有431起（30%）与跑道有关。而431起与跑道有关的事故中，417起（97%）是冲偏出跑道事故。这些数据呈现出的比例关系是：冲偏出跑道事故的数量，是跑道侵入事故数量的40倍还多，是跑道混淆事故数量的100倍还多。值得关注的是，虽然上述三类跑道安全事故的发生概率差别较大，但从可能产生的事故后果严重程度看，这三类事故都有可能造成灾难性的严重后果。例如，1977年在特纳里费洛斯德斯机场发生的跑道侵入事故，造成两架波音747飞机相撞，死亡人数超过500人，成为民航史上单次事故造成死亡人数最多的事故。事故发生往往有相应数量的事件作为先兆，为预防跑道安全事故的发生，对跑道安全事件进行定义并分类统计分析对跑道安全决策有重要意义。下面是三类跑道安全事件的定义：

冲偏出跑道：是指航空器起飞或降落过程中偏出或冲出跑道道面的事件。冲偏出跑道可能发生在起飞或着陆时，包括两种类型的事件：偏出，航空器从跑道一侧离开跑道的冲偏出跑道事件；冲出，航空器从跑道端离开跑道的冲偏出跑道事件。

跑道侵入：是指机场发生的任何航空器、车辆或人员错误地出现在或存在于指定用于航空器着陆和起飞机场地面保护区的情况。按照国际民航组织Doc 9870号文件《防止跑道侵入手册》，跑道侵入事件可以按照风险等级从高到低分为A、B、C、D四类事件。

跑道混淆：参考国际机场协会《跑道安全管理手册2014》，跑道混淆是指使航空器在着陆或起飞时使用了错误的跑道或滑行道的差错，是无意的情况下造成的一种差错。

三、相关管理经验

国际民航组织等相关国际组织为各成员单位开展跑道管理提供了多方面的策略建议，相关国家也根据本国民航发展目标和资源状况制定了跑道安全管理方面的计划和改进方案，以下主要从组织管理、计划推进、数据分析与技术应用等三个方面总结相关管理经验。

（一）跑道安全组织建设

跑道安全管理需要组织机构的保障。从国际民航组织角度看，该组织从提升全球民航跑道安全水平的角度，启动并实施了跑道安全项目（RSP），该组织联合了多个合作伙伴成立了跑道安全行动计划工作小组（RSAP-WG），小组的工作任务是审查 RSP 的绩效、目标和任务优先级，以及制定全球跑道安全行动计划。在具体的运行单位层面，国际民航组织跑道安全项目推动了各机场组建跑道安全小组（RST）。2011 年 5 月在加拿大蒙特利尔召开的首届 ICAO 全球跑道安全研讨会的主要成果之一就是提出了各机场成立 RST 的要求。2017 年《全球跑道安全行动计划》指出，自 2011 年始，全球超过 200 个国际机场已经向 ICAO 注册登记成立了 RST。从本章第一部分的数据记录来看，这些 RST 小组成立后，有效发挥了作用，显著降低了全球跑道安全相关风险。

从国家的航空安全监管角度看，相关国家也更加重视跑道安全组织的建设。从我国民航来看，2019 年发布的《中国民航跑道安全工作指导意见》对民航局、民航地区管理局、民航运输机场分层次建立跑道安全管理机构进行了规定，并就相关机构的职责进行了明确。美国联邦航空管理局对跑道安全管理机构从不同维度进行设置，从总体协作角度成立了跑道安全管理委员会（RSC），成员包括局方相关业务部门以及运行单位的代表。从地区层面，有地区性的跑道安全工作组（RRST）来管理完成地区性跑道安全计划涉及的项目。针对运输机场，美国联邦航空管理局推动建设了跑道安全行动小组（RSAT），该小组使在机场当地运行的相关单位能定期地开展场面风险的识别与缓解工作。

（二）跑道安全管理工作的计划与实施

跑道安全管理工作的有效开展需要较为长期的计划管理与协调机制。国际民航组织在 2017 年提出了《全球跑道安全行动计划》，并对缔约国局方、航空器运营人、空管单位、机场、航空器制造商提出了改进跑道安全水平的建议措施，这些措施分别从短期（未来 3 年）和长期（未来 5 年）的不同时段提出了实施时间建议。同时，从不同专业角度和从具体的跑道安全项目，相关国际组织也提出了相应的工作计划。例如，欧洲航行安全组织（EUROCONTROL）早在 2013 年 1 月就发布了《欧洲防止冲偏出跑道行动计划》，并在 2017 年 11 月将该文件更新到了第三版。该计划从欧洲航空安全局（EASA）的规章及标准制定、成员国国家民航局的监管、航空运营人运行、空中导航服务提供商的服务、机场设计和运行，甚至航空器制造商的航空器设计等多个角度提出了欧洲范围内的防止民用航空器冲偏出跑道的建议，并列出了相应的实施计划时间表。在上述面向欧洲范围内的防止冲偏出跑道工作的基础上，2021 年 1 月 13 日，欧洲航行安全组织和飞安基金会联合发布了面向全球民航的《防止冲偏出跑道全球行动计划》，该计划得到欧洲航空安全局、国际航协、国际机场协会、国际空管协会的确认，此计划除了为各个运行单位提供了防止冲偏出跑道的建议，也为各国民航主管部门和国际民航组织提供了完善规章或标准方面的建议措施，并给出相应的推进时间建议。国际组织之外，从国家层面看，一些民航发达国家也从国家层面发布了全国性的跑道安全计划。例如，美国联邦航空管理局按照每 3 年为周期来更新其国家跑道安全计划，美国《2021—2023 年国家跑道安全计划》以安全管理体系的四个支柱为维度，从安全政策、风险管理、安全保证、安全促进等方面形成了跑道安全计划的框架。同时，在该国家性的计划基础上，美国联邦航空管理局也按照监管辖区的地区划分，组织制定并发布了 9 个地区的跑道安全计划，明确了地区范围内落实国家跑道安全计划的任务以及实施路线图。

（三）跑道安全数据分析与技术应用

跑道安全管理除了上述组织机构和管理流程方面的改进外，综合利用数字化建模和技术手段来掌握风险状态，及时采取缓解策略成为相关国际组织和国家重点关注的方向。国际民航组织在 2017 年发布的《全球跑道安全行动计划》中给出了 2008—2016 年跑道安全事件归一化权重累计和事件数量统计（见图 1.1.4）。表 1-1-1 列出了各种跑道安全相关事件类别的风险总权重和平均风险权重。这更有利于在安全事件发生前，提前从系统角度看跑道运行环境并识别风险。这类数据分析的方法和角度不同于以往集中在分析某一类（比如跑道侵入）跑道安全事件的数量和严重性的方法，美国在使用名为"场面安全测量法（SSM）"的方法来将跑道环境发生的各类事件整合起来考虑安全风险。从 2019 年开始，场面安全测量指标成为美国联邦航空管理局主要安全指标的组成部分。这种风险测量方法通过模型对航空器的损坏和人员伤害、死亡的情况赋予权重。对于可能造成死亡事故的条件赋予风险增加值，并对能实现减少生命损失和航空器损伤的条件给予"风险缓解值"。这些工作的目的是尝试从原有的以符合性检查为基础的安全保证方法向基于风险的安全管理方法转变。此外，从提供实时响应决策开展风险管理角度看，美国开发出来一种名为"航空风险识别与评估（ARIA）"的工具，该工具的场面模块可以利用机场场面监视设备提供的数据来识别飞机与其他移动物体的潜在碰撞风险，并判断其风险级别。

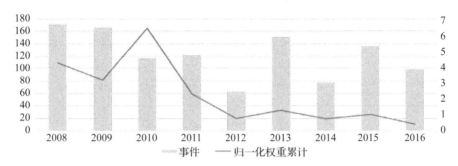

图 1.1.4　2008—2016 年跑道安全事件和风险权重累计（ICAO ADREP 数据）

表 1-1-1　各种跑道安全相关事件类别的风险总权重和平均风险权重

事件征候类别	风险总权重	平均风险权重
RE：冲偏出跑道	390.7	0.96
GCOL：地面碰撞	64.7	0.43
ARC：非正常跑道接触	60.7	0.19
USOS：未达跑道接地/超出跑道接地	57.7	1.13
CTOL：起飞或降落期间与障碍物相撞	32.9	1.49
LOC-G：地面失控	9.8	0.13
RI：跑道侵入——车辆、航空器或人员	0.87	0.01

　　在技术应用方面，民航发达国家重视跑道安全技术应用的计划与组织，实现不同技术整合后的整体效果。例如，美国国家跑道安全计划列出的多项技术中，机场场面监视技术（ASDE-X）相对是更为基础的支撑性技术，其他技术（跑道状态灯、最终进近跑道占用指示灯等技术）的功能发挥需要机场场面监视技术的支持。同时针对不同领域的跑道安全风险，技术应用重点也有侧重，并有相应安装应用计划。其中包括既有业界熟知的用于减少冲出跑道损失的特性材料拦阻系统（EMAS），也有便于航空器或车辆驾驶员掌握跑道使用状态的跑道状态灯系统，还有针对降低跑道与滑行道混淆风险

的"滑行道到达预测提升技术"。另外，还有为了降低运行成本，针对没有场面监视系统但同时又提供塔台管制服务的机场而研究开发的低成本跑道安全管理技术等。

上述不同组织提出的国际跑道安全管理策略是建立在以往各类跑道安全事故和事件的经验总结和数据分析基础上。本书后面三章，将从具体的案例入手，展示事故或事件发生的过程，分析相关的诱发因素，回顾调查机构给出的管理建议，为未来跑道安全管理政策和策略的完善与改进提供参考。

第二章 跑道侵入事故案例

案例一 2016 年印尼雅加达哈利姆机场跑道侵入事故

一、事故概要

2016 年 4 月 4 日，一架隶属于巴泽航空的波音 737-800 执行从印度尼西亚哈利姆·珀达纳库苏马机场飞往望加锡苏尔坦·哈桑努丁国际机场的任务，航班号为 ID7703。另一架由印尼曼迪利翎亚航空运营的 ATR42-600 飞机正被其代理公司（PT. Jasa Angkasa Semesta 公司，简称 PT. JAS）拖车从哈利姆·珀达纳库苏马机场北机坪拖行至南机坪，被拖行飞机的无线电通信系统和飞机灯光系统没有通电。

ID7703 航班飞行员在 118.6 兆赫与哈利姆塔台联系，而拖车司机则用对讲机在 152.73 千赫频道接受助理管制员指挥。

当地时间 19:48（12:48 UTC），ID7703 航班飞行员收到来自塔台管制员的滑行许可，飞机滑出后，拖车司机收到拖行许可并被要求在行驶至 C 滑行道时报告。之后拖车司机被要求加速行驶并跟随 ID7703。当 ID7703 航班在 24 号跑道掉头时，被拖行的飞机也进入跑道，计划穿越跑道后进入 G 滑行道。

12:56 UTC，ID7703 航班飞行员获得起飞许可后开始滑跑，而被拖行的飞机仍在跑道上。拖车司机和飞行员为避免相撞而采取行动。飞行员和拖车司机做出的离开跑道中线的决策避免了在跑道中线上（头对头）的相撞，然而机翼的相撞却未能避免。

12:57 UTC，ID7703 航班与被拖行的飞机相撞。ID7703 航班飞行员中断起飞，在离相撞点约 400 米处停下，拖行飞机在 24 号跑道中线右侧停下。在此次事件中没有人员受伤，两架飞机严重受损。

调查组认为此次事故的主要原因在于：

（1）在同一区域由不同的管制员使用不同的频率指挥两架飞机，缺少正确的协调导致管制员、飞行员和拖车司机情景意识不足；

（2）对跟随 ID7703 航班指令的误解是最大可能导致拖行飞机进入跑道的原因之一；

（3）塔台内部和 24 号跑道掉头位置机坪照明环境不佳可能减弱了管制员和飞行员识别拖行飞机的能力。

二、事故经过和与事故相关的事实

1. 事故经过

2016 年 4 月 4 日，一架隶属于印尼巴泽航空的波音 737-800（注册号 PK-LBS）准备执行从哈利姆·珀达纳库苏马机场飞往望加锡苏尔坦·哈桑努丁国际机场的定期客运航班，航班号为 ID7703，机上共有 56 人，包含 2 名飞行员、5 名乘务员和 49 名旅客。

印尼曼迪利翎亚航空运营的注册号为 PK-TNJ 的这架 ATR42-600 飞机停在 B-1 停机位，该公司的机务人员由机坪管制指挥计划将该飞机从北机坪拖行至南机坪。

拖行过程由 PT. JAS 公司实施，该公司与曼迪利翎亚航空有合作协议。拖车上的人员包含一名拖车司机和一名保障人员。保障人员面向后坐着，通过手势与飞机上的机务联系。拖行飞机上有两名 PT. TransNusa Aviation Mandiri 公司的机务。两名机务被安排在拖行过程中按需刹车，而拖车司机负责与塔台通信。

拖行飞机在被拖行时，发动机没有运转，飞机系统也没有供电，包括没有给无线电通信和灯光系统供电。拖车司机使用手持无线电和安装在左右翼尖的由电池供电的便携式灯光与塔台沟通。

当班的塔台管制成员包含一名管制员、一名助理管制员、一名主管和一名飞行数据管理员。塔台内的灯光是开启的，有几盏灯光反射在面向包括 24 号跑道头方向的塔台玻璃窗上。当地时间 19：45（12：45 UTC），ID7703 航班在 118.6 兆赫向哈利姆塔台请求推出许可。当时，这架飞机停机位在 B-2，获得推出许可。

在 ID7703 航班完成推出后，拖车司机向塔台请求拖行许可，由 B-1 机位拖行至南机坪。塔台指挥拖车司机跟随 ID7703 航班并在到达 C 滑行道时报告。拖车司机与塔台间的通信在152.73千赫进行，由助理管制员指挥。

管制员监听了助理管制员与拖车司机之间的通话。管制员意识到了拖行飞机的位置是在B-1停机位。在拖行过程中管制员没有看到拖行飞机的外部灯光是点亮的。

12:48 UTC，ID7703航班飞行员收到经由C滑行道滑行至24号跑道的许可，两分钟后，因为有进港飞机，管制员指挥ID7703航班飞行员在C滑行道等待。

进港飞机将使用B-1停机位，所以进港飞机的飞行员被要求等待，等待拖行飞机通过。助理管制员指挥拖车司机开始拖行并在拖至C滑行道时报告。ID7703航班飞行员陈述他们不知晓其身后有拖行飞机。

12:53 UTC，ID7703航班飞行员收到进入24号跑道和跑道掉头的指令。

助理管制员注意到的拖行飞机最后位置是在当拖行飞机位于塔台前面时，此后，助理管制员就去和另一个与其他离场飞机相关的空管部门进行协调。助理管制员没有回想起拖行飞机有任何可见的灯光，除了拖车上的灯光。

ID7703航班进入24号跑道掉头坪，掉头坪超过跑道入口200米，进入过程中，飞行员感觉整个掉头坪的灯光非常亮，短暂地影响到他们的前方视野。

12:56:05 UTC，ID7703航班飞行员报告准备好起飞。塔台管制员没有看到跑道上有车辆或物体，因此向ID7703航班发布可以起飞的指令。当时，在发布起飞指令前，管制员和助理管制员并未就机动区域的航空器活动进行协调。

12:56:51 UTC，在收到起飞指令后，作为把杆飞行员（PF）的副驾驶前推油门杆并按下起飞/复飞（TOGA）按钮。

当时，拖行飞机和拖车正在跑道上向东拖行。拖车司机看到ID7703正在滑跑，于是询问塔台ID7703是否正在起飞，但是没有得到塔台的回复。于是，拖车司机便加速拖行并且转向跑道的右侧以避开起飞的飞机。

12:57:08 UTC，当滑跑至约90节时，副驾驶看到了跑道上有物体，同时向机长报告有物体，飞行员无法识别该物体直到副驾驶意识到该物体是一架飞机。

机长蹬右舵让飞机偏向跑道中心线的右侧，保持飞机在跑道中线和跑道边缘之间。机长打算中断起飞，然而很快，飞行员感受到了碰撞。飞行员执行了中断起飞。ID7703航班在距拖行飞机约400米处停下。而拖行飞机则在离 G 滑行道约 100 米处的 24 号跑道中线左侧停下。

当 ID7703 航班滑过滑行道 C 和 B 之间时，助理管制员看到飞机左侧起火。于是，助理管制员按下失事警铃，通知机场救援和消防部门。

ID7703 航班停下后，机长指挥副驾驶执行地面紧急程序，向客舱机组发布两遍"注意，机组各就各位"广播。机长注意到飞机左翼尖着火，立即关闭了两台发动机，释放了所有飞机和 APU 的灭火剂，命令客舱机组从飞机右侧撤离旅客。

收到机长"注意，机组各就各位"广播后，客舱机组透过观察窗检查飞机内外部状况。飞机内部没有损坏，他们没有看到飞机外部着火。

客舱机组打开所有的旅客和维护舱门后释放滑梯。大多数旅客从左前门（1L）撤离飞机。

飞行员在下机后发现碰撞的物体是一架拖行飞机。

空管人员在询问拖车司机后才意识到被拖行的飞机在跑道上，已经与 ID7703 相撞。损失情况如图 2.1.1、图 2.1.2 所示。

图 2.1.1　ID7703 左机翼受损

图 2.1.2　被拖行飞机受损情况

2. 事故飞机

被拖行的飞机是一架 ATR42-600，注册号 PK-TNJ，2014 年 9 月由法国 Avions de Transport Regional（ATR）生产，序列号 1015。飞机适航证和登记证有效。

ATR42 飞机航行灯和防撞灯由直流主汇流条或直流维护汇流条供电，频闪灯由 AC Wild power 供电，或者通过直流汇流条供电。当在发动机 1 或 2 运转时，直流汇流条正常是由直流启动发电机供电，当螺旋桨 1 或 2 旋转时，AC Wild power 正常是由 ACW 发动机供电。

为了在拖行过程中提供电源给航行灯、防撞灯和通信系统，就需要直流启动发电机，因此就要保证至少一台发动机运转。保持右发运转，启动螺旋桨刹车来供电。这种状态被叫作 Hotel Mode（即酒店模式，这是所有 ATR 涡轮螺旋桨取代 APU 的一个特点，通过 "螺旋桨制动器" 防止螺旋桨右转，同时允许涡轮机运转来提供电力和引气）。

ATR 已经在 1999 年 4 月 15 日发布适用于 ATR42-200，-300 and-320 的 SB ATR42-33-0030，包含可以在地面拖行中点亮航行灯和防撞灯的改进内容。

TransNusa Aviation Mandiri 公司为了防止电池放电，通常做法是机务在拖行过程中拔出电瓶断路器，不启动发动机。

被拖行飞机的发动机没有运转，飞机系统包括无线电通信系统和飞机灯光系统没有通电。拖行飞机和塔台之间的通信靠手持无线通话设备完成。

绿色和红色的商用便携式灯光装在每个翼尖上，用来代替航行灯。这个替代灯光大约 8 厘米×3 厘米。这依据了公司工程指令号 ATR/EI/33/XI/2015/028 dated 04 November 2015，主题是 Installation Portable Navigation Light for Towing ATR Aircraft。

安装便携式导航灯是被 PT. JAS 接受的。

3. 气象信息

哈利姆的天气报告由巴丹气象气候与地球物理局（BMKG）提供。2016 年 4 月 4 日，在协调世界时 1200 至 1400 之间，天气报告在机场西南方向观测到积雨云，能见度为 5 公里，薄雾。

4. 通信

管制员和 ID7703 航班飞行员的通信都是在 118.6 兆赫进行的。这些通话都被记录在地基自动语音记录系统和 ID7703 航班的驾驶舱语音记录器里。数据的音质效果很好。他们之间通话的细节会在后面驾驶舱话音记录器部分里描述。

助理管制员和拖车司机的通信靠手持无线通话设备在 152.73 千赫完成，他们使用 Bahasa 语（当地语言）交流。通信由助理管制员负责，这些通信没有被记录。

事件调查问询了当班的塔台管制员和拖车司机。塔台和拖车人员对于通信信息的回忆是不同的。

拖车司机和助理管制员的通话如下：

1）在停机位 B-1

拖车司机向哈利姆塔台申请由停机位 B-1 拖行至南机坪，飞行数据计划专员回复稍等。在 ID7703 航班开始滑行后，助理管制员向拖车司机发布拖行许可，并要求拖至 C 滑行道时报告。

2）在约正切 B-9 停机位

助理管制员指令拖车司机加速拖行，跟随 ID7703 航班。拖车司机收到这个指令。

3）在约刚刚进入 C 滑行道

助理管制员再次指令拖车司机加速跟随 ID7703 航班。拖车司机收到这个指令。

注意：当班管制人员表示没有发生过这次通信。

4）在滑行道 C

助理管制员再次指令拖车司机加速跟随 ID7703 航班。拖车司机证实滑行路线是经过 G 滑行道，助理管制员予以确认。

注意：当班管制人员表示没有发生过这次通信。

5）在跑道上

拖车司机两次向塔台询问 ID7703 是否正开始起飞，但是没有得到回复。

注意：当班管制人员表示没有发生过这次通信。

6) 碰撞后

助理管制员询问拖行飞机位置。拖车司机告知拖行飞机在跑道上，刚刚已与 ID7703 相撞。

5. 机场信息

跑道入口内移是为了提供满足 I 类仪表着陆系统要求安装的精密进近灯光系统所需的区域。道面区域的精密进近灯光和跑道入口灯嵌装在跑道表面上。

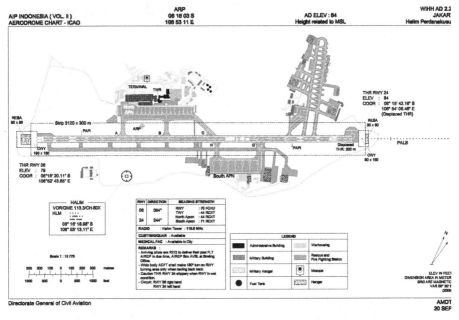

图 2.1.3　参考公布的航行资料汇编（AIP）Volume II 28 次修订，
哈利姆机场跑道长 3000 米，24 号跑道头有 200 米的内移

调查发现事件发生后的塔台内部照明条件和事件发生时是类似的。观察到的照明条件如图 2.1.4 所示。

图 2.1.4　哈利姆塔台内部照明环境和滑行道、跑道视野

调查组收到了一张来自飞行机组在 2015 年进跑道时拍摄的 24 号掉头坪周围的灯光条件。

基于机组的问询，事件发生时 24 号跑道掉头坪周围的灯光环境与图 2.1.5 中的视景类似。

图 2.1.5　24 号跑道掉头坪的驾驶舱视景

初步报告中，当地民航局 KNKT 向机场和发布 AirNav 航行信息的印度尼西亚办事处发布运行建议，通知航空器操作人员在哈利姆机场 24 号跑道入口处起飞。在最终报告发布之前，发现有数架飞机在 24 号跑道入口前起飞。

6. 飞行记录器

拖行飞机在拖行时没有供电，因此没有此次事故相关的数据被飞行数据记录器（FDR）和语音记录器（CVR）记录下来。本章节只讨论从 ID7703 飞机获取的飞行记录数据。

从飞机滑行到飞机停止，FDR 记录的有关航向和速度的信息如下：

12:48:43 UTC，地速开始增加，表明飞机开始滑行。

12:50:53 UTC，飞机航向开始改变至约 110°。

12:53:08 UTC，地速 0。

12:53:55 UTC，发动机功率（N1）增加，地速增加。

12:54:35 UTC，飞机航向转到 065°，地速持续增加至 30 节。

12:56:03 UTC，地速减小，航向向左然后向右至航向 248°。

12:56:55 UTC，刚刚到达稳定的 248° 航向前，油门杆、N1 和飞机速度增加。

从飞机起飞滑跑到飞机停止，FDR 记录的有关位置、速度和相关飞行操作状态的信息如下：

12:56:48 UTC，油门杆位置和 N1 开始增加至最高记录值。FDR 记录的位置在 6°15′39.618″S，106°54′10.73″E 或者是在跑道入口前约 152 米。

12:56:56 UTC，速度开始增加至记录的最高值 134 节。

12:57:06 UTC，驾驶杆从 −5 转到 0 并稳定下来，随后副翼从 9 偏转至 −3 并稳定。

12:57:13 UTC，地速 115 节。方向舵、手轮以及方向舵脚蹬向右移动了 2 秒，由此飞机的航向向右改变了 2°。

12:57:16 UTC，纵向加速度、副翼、手轮和操作杆的参数波动。FDR 记录的位置是 6°15′53.2152″S，106°53′40.4484″E，距跑道头约 866 米。

12:57:17 UTC，油门杆位置减小，自动刹车激活，刹车压力增加。

12:57:18 UTC，减速手柄伸出，N1 下降。计算的空速达到的最高值等于 V_1，接着空速开始下降。

12:57:19 UTC，自动刹车解除工作，刹车压力保持在最高压力。

12:57:21 UTC，反推打开随后 N1 增加。

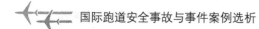

12:57:35 UTC，反推收回，N1 下降。

12:57:45 UTC，地速显示为 0。FDR 记录的位置在 6°16′4.9584″S，106°53′16.9656″E，距跑道头 1680 米，离使用 TO/GA 推力位置 1832 米。

ID7703 在距 24 号跑道入口约 866 米处撞击了拖行飞机的左机翼。轨迹图见图 2.1.6。

图 2.1.6　FDR 提取的 ID7703 移动路线

7. 驾驶舱录音器（CVR）

以下从 CVR 中摘录的主要通信记录起始于推出，到实施撤离后截止。

注：P1：机长；P2：副驾驶；FA：客舱机组；TWR：哈利姆塔台管制员；DEP 1：B-5 停机位上的离场飞机；DEP 2：B-7 停机位上的离场飞机；LDG 1：第一个落地飞机；LDG 2：第二个落地飞机；RAAS：跑道感知与咨询系统

时间（UTC）	发送方	接收方	通信内容
12:45:30	TWR	ID7703	发布推出许可
12:48:11	P2	TWR	准备好滑出报告
12:48:14	TWR	ID7703	发布滑行许可
12:48:59	TWR	LDG 1	指挥着陆飞机（LDG 1）在 A 滑行道等待，

			给停机位 B-1 的拖行飞机让路
12:49:53	TWR	ID7703	发布 ATC 许可
12:50:11	TWR	ID7703	ID7703 被要求在 C 滑行道等待，因为有另一架飞机刚刚离开 AL NDB（LDG 2）准备进近着陆
12:51:17	LDG 1	TWR	飞行员在滑行道 A 等待，要求告知拖行飞机的位置并且要求拖行飞机离开 B-1 时能够慢点滑行
12:52:23	TWR	DEP 1	指挥一架离场飞机在停机位 B-5 等待，给拖行飞机让路
12:52:29	TWR	ID7703	发布在 LDG 2 着陆后并通过滑行道 C 时 24 号跑道掉头的指令
12:53:46	TWR	DEP 2	指挥另一架在停机位 B-7 的离场飞机（DEP 2）等待
12:56:05	P2	TWR	报告进入 24 号跑道，准备好离场
12:56:10	TWR	ID7703	发布起飞许可
12:57:08	P2	P1	告知 P1，他看到有东西在跑道上
12:57:16	RAAS		V_1
12:57:16	噪声		
12:57:28	P2	TWR	报告中断起飞
12:57:30	WR	ID7703	中断起飞收到
12:57:39	P1	FA	宣布 "ATTENTION CREW ON STATION" 两次
12:57:55	P1	FA	指挥客舱机组从右侧实施旅客撤离
12:58:03	FA		指挥旅客快速撤离
12:58:09	P1	P2	向 P2 询问有关襟翼的操作
12:58:28	P1	P2	确认是否发布过起飞许可，得到 P2 的证实
12:58:53	FA		向飞行员报告撤离已经完成了
12:59:11	P1	P2	再次确认是否获得起飞许可，得到 P2 的证实
12:59:24	P1	P2	要求联系塔台，告知撤离过程
12:59:38	P2	TWR	告知塔台已在跑道上撤离，请求援助
12:59:57	TWR	ID7703	回答 "好的，封锁跑道"

8. 公司标准拖曳程序

翎亚航空与 PT Jasa Angkasa Semesta（PT. JAS）公司签订了在哈利姆机场进行地面运行的协议。该协议在标准地面处理协议 No Ref. 031A/JAS-TransNusa/VI/2016 中列出。协议中并没有提及拖拽或推拽的具体技术程序。

《飞机维修手册》中描述了 ATR42 的拖曳程序。该手册（AMM）第 09-11-00 章：作业指令卡中的指令编号 TWG 10005-001。作业指导书卡描述了在一个引擎运行的情况下（酒店模式）使用电气系统的拖曳过程。发动机不运转的夜间牵引只适用于搭载 SB ATR72-33-1016 的 ATR72 型号飞机。由于缺乏客户需求，飞机制造商没有改变设计来允许 ATR 42-500 在没有发动机运行的情况下进行夜间牵引。作业指导书部分如图 2.1.7 所示。

 ATR42-400/500 SERIES - AMM - Job Instruction Cards

TITLE TOWING BY THE NOSE GEAR		09-11-00 TWG 10005-001			
		STS.	CHECK	PAGE 2	DATE JUL15
ITEM	TASK DESCRIPTION			MECH.	INSP.
001	WARNING NOTE 1: THIS JIC ALLOWS TOWING THE AIRCRAFT BY NIGHT WITH ANTI-COLL&NAV LIGHT SUPPLIED BY MEANS OF RH-ENG OPERATING IN HOTEL MODE. NOTE 2: ON ATR72 EMBODIED BY SB 33-1016, TOWING BY NIGHT CAN ALSO BE PERFORMED WITH ENGINE NOT RUNNING (REF JIC-091100-TWG-10000) AFTER TOWING POSITION SELECTION FOR ANTI-COLL&NAV LIGHTS.				

图 2.1.7　拖行 ATR42 工卡

在 HOTEL 模式下运行发动机的操作程序需要有经过认证的人员，因此带发动机运行的牵引应由认证人员陪同。

当持证人员不在时，运营人提供备用的防撞灯，用于夜间牵引飞机。程序要求在翼尖安装便携式照明灯。

调查发现红色和绿色的商业闪光灯尺寸约为 8 厘米×3 厘米。这些灯被用作便携式防撞和导航灯，安装在拖行飞机上。

9. 其他相关事件：Halim Perdanakusuma 机场发生类似事件

2016 年 6 月 22 日，印尼空军 LD0114 飞机准备飞往预定目的地日惹的阿迪苏特吉普托国际机场。PK-EJR 飞机正准备从南机坪拖至北停机坪。

当 PK-EJR 飞机进入 H 滑行道时，塔台管制员指示拖车驾驶员穿过跑道进入 C 滑行道。随后，给 LD0114 下达起飞许可。之后管制取消起飞许可，指令 LD0114 原地等待。哈利姆塔台管制员还指示 PK-EJR 牵引车司机将飞机向后移动。

LD0114 的飞行员已经开始起飞，决定继续起飞。PK-EJR 飞机向后移动到等待位置标记后方。

LD0114 在与 H 滑行道的交叉口前离地，避免了碰撞。当地民航局（KNKT）没有调查这一事件，因为它不符合《防止跑道入侵手册》（ICAO Doc 9870）中描述的严重事件标准。

10. 巴泽航空中断起飞模拟

巴泽航空在训练模拟器上对事故进行了模拟，AirFASE® 系统数据分析使用当时的飞机状况、天气和飞行品质监控（FOQA）数据。模拟是由巴泽航空检查员和训练飞行员完成。模拟的目的是确定如果飞行员在跑道上识别出物体后进行中断起飞，是否可以避免碰撞。使用 AirFASE® 系统处理的 FOQA 数据如图 2.1.8 所示。

模拟基于以下数据：

——在 UTC 时间 12：56：48 开始使用 TO/GA，根据纬度和经度，巴泽航空计算出的位置约在入口前 70 米；

——副驾驶说他在 UTC 时间 12：57：08 看到了一些东西，地面速度（GS）是 94 节；

——撞击位置在距离跑道入口 916 米的地方。

基于这些数据，在跑道入口前 70 米处，通过执行 TO/GA 进行模拟，在飞机以 94 节地面速度加速时启动中断起飞。中断起飞的操作包括：立即收回推力手柄，全反推装置，立即展开扰流板，在速度 60 节以上 RTO（中断起飞）自动刹车，在速度 60 节以下最大人工刹车。

模拟发现，自启动 TO/GA 以来，所需的停止距离为 1125 米。考虑到撞击位置在距离入口 916 米的位置，飞机在撞击后只能停 139 米。根据模拟结果，巴泽航空得出结论，碰撞是不可避免的。

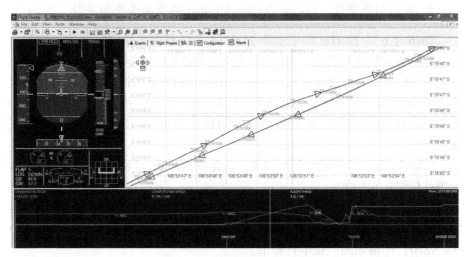

图 2.1.8　模拟机数据示意图

关于模拟的另一个考虑是，由于飞行员将专注于执行中断起飞，因此，偏离跑道中心线的避障动作可能很难执行。在中断起飞期间以较低的速度使用方向舵也可能会降低方向舵的有效性。如果中断起飞立即启动，撞击可能会发生在 ID7703 的左发动机或机身上，导致两架飞机受到更大的损害。

通过模拟，巴泽航空得出结论，事故发生时飞行员的动作降低了事故后果的严重性。

三、事故分析

ID7703 航班滑跑起飞时撞上了同样在 24 号跑道上被拖行的飞机。飞机可靠性在此事故中不是主要问题。因此，事故分析会围绕以下相关因素：飞机移动；机动区域的活动控制；照明与环境；飞行员决策；机动区域内车辆程序。

1. 飞机移动

飞机移动分析基于 CVR、FDR 数据和问询，假定平均拖行速度 10 公里/小时或 154 米/分钟。

管制员和拖车司机的通话没有被记录，调查组收到了两份不同的关于他们之间通信的陈述。调查组不能确定真实发生的通信内容，因此，调查组只能将双方共同的回忆内容进行分析。

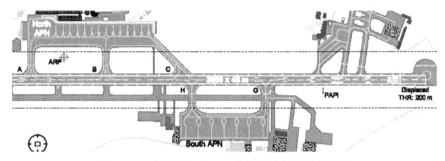

图 2.1.9 包括停机位 B-1 和塔台位置的机场布局

12:48:43 UTC，在 ID7703 飞机滑出后，拖车司机收到拖行许可并被要求在拖至 C 滑行道时报告。

12:48:59 UTC，一架刚刚着陆之后会停在停机位 B-1 的飞机被要求在滑行道 A 上等待，让路给拖行飞机。

12:50:11 UTC，ID7703 航班飞行员被要求在 C 滑行道等待，因为有另外一架飞机正离开 AL NDB 准备进近着陆。

12:51:17 UTC，在 A 滑行道上等待的飞行员向塔台询问被拖行飞机的位置，塔台指挥他在被拖行飞机离开 B-1 停机位后可以缓慢滑行。

可以假设拖行飞机在 12:51 UTC 开始移动。

A 滑行道和 B-1 停机位之间的距离大约 240 米，然而，飞行员无法识别拖行飞机。这表明拖行飞机不能被清楚地看到，特别是从后面。

12:52:23 UTC，停在停机位 B-5 上的飞行员请求推出，空管要求原地等待，让拖行飞机先过去。这意味着拖行飞机还没有经过停机位 B-5。

停机位 B-1 至 B-5 的距离约 206 米。假设拖行速度是 154 米/分钟，从 12:51 UTC 开始拖行，拖行飞机在那时刚刚通过停机位 B-4，还没有经过停机位 B-5。

12:52:29 UTC，ID7703 航班飞行员被要求在五边飞机着陆后进跑道。The FDR 记录数据显示 ID7703 在 12:53:03 UTC 完全停在 C 滑行道上。

停机位 B-1 至 B-9 的距离约 330 米，可以假设被拖行飞机在约 12:53 UTC 正切 B-9 停机位。

约 12:53 UTC 或当拖行飞机正切 B-9 停机位时，拖车司机被要求加速拖行并跟随 7703，拖车司机收到了这个指令。如图 2.1.10 所示。

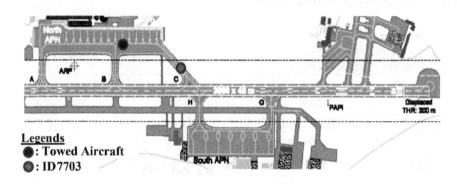

图 2.1.10　12:53 UTC 飞机位置图解

12:53:54 UTC，ID7703 开始滑行进入 24 号跑道掉头。

停机位 B-1 至 C 滑行道起始端的距离约 530 米，可以假设在约 12:54 UTC，被拖行飞机即将进入 C 滑行道。如图 2.1.11 所示。

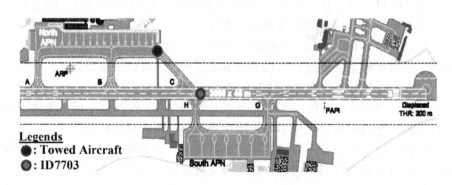

图 2.1.11　12:54 UTC 飞机位置图解

12:54:35 UTC，ID7703 在 24 号跑道中线上，正在掉头。

C 滑行道长度约 210 米。可以假设在 12:55 UTC，拖行飞机位于 C 滑行道的中央。如图 2.1.12 所示。

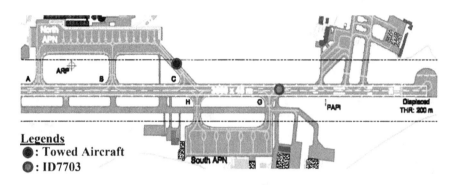

图 2.1.12　12:55 UTC 飞机位置图解

12:56:49 UTC，ID7703 开始起飞滑跑。拖车司机注意到 ID7703 正在起飞，于是开始转向右侧。

滑行道至跑道中线的距离约 190 米。假设被拖行飞机 12:55 UTC 位于 C 滑行道，因此，当 ID7703 开始起飞时，拖行飞机位于跑道中线上。如图 2.1.13 所示。

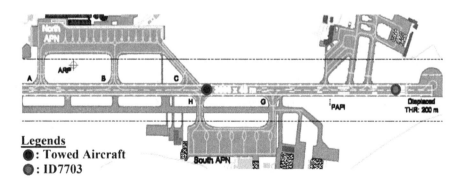

图 2.1.13　12:56 UTC 飞机位置图解

12:57:16 UTC，两架飞机在跑道上相撞。

C 滑行道交叉口至相撞点的距离约为 210 米。参照前面的假设，被拖行飞机于 12:56 UTC 位于跑道中线上，在 12:57:16 UTC，拖行飞机到达撞击点。如图 2.1.14 所示。

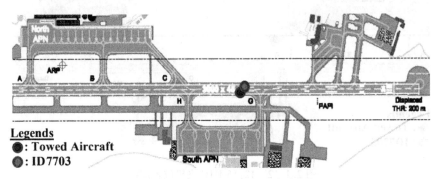

图 2.1.14　12:57 UTC 飞机撞击点图解

提供给拖车司机的拖行指令包含拖行许可和到达 C 滑行道时报告。拖行至南机坪的路线应包括进入并穿越跑道。给出的许可没有包含明确的路线，在 AC170 规定中明确要求，穿越或跑道外等待需要明确的指令。

到达 C 滑行道时报告是助理管制员为了防止被拖行飞机是否会进入跑道的预警，还可以根据当时的空中交通情况来决定给予穿越或跑道外等待的指令。

在被拖行飞机位于停机位 B-9 时，助理管制员要求拖车司机加速拖行并跟随 ID7703。助理管制员可能已经预计到拖车司机会像初次联系时要求的那样，在到达 C 滑行道时报告。

跟随 ID7703 的指令是在 ID7703 将要进入跑道时发布的，可能被理解为被拖行飞机允许进入跑道，而 ID7703 的起飞许可会在拖行飞机到达南机坪后发布。跟随 ID7703 的指令也可能被理解为已经不再需要到达 C 滑行道的位置报告了。

助理管制员最后监控到的被拖行飞机位置是被拖行飞机位于塔台前面或正切停机位 B-5。随后，助理管制员就去与另一管制单位协调其他离场飞机的事情。可能助理管制员在发布指令时没有监控到被拖行飞机的位置正在正切 B-9 停机位。

发出跟随 ID7703 的指令是在助理管制员不能连续观察到被拖行飞机的

位置且预期拖车司机会在到达 C 滑行道时发布的。另一方面，拖车司机可能理解为被拖行飞机准许进入跑道，而到达 C 滑行道报告的指令已经不再需要了。这样的交流误会极大可能导致被拖行飞机进入跑道。

2. 机动区域的活动控制

空中交通服务（ATS）标准操作程序（SOP）11.07.03 章节规定管制员应对所有在机场附近运行的航空器、机动区域的车辆和人员活动保持连续的观察。SOP11.03 章节规定管制员由助理管制员提供交通信息并与其他管制服务单位进行协调。

CASR 170.052 规定，在条件允许的情况下，允许在机动区域控制车辆时使用分开的通信通道，所有通信应自动记录并保留至少 30 天。

据悉，事故发生前，控制飞机和车辆移动的通信是分离的。飞机的移动由管制员控制，通信频率为 118.6 兆赫。车辆运动由助理管制员控制，通信频率为 152.73 千赫。这个频率的通信没有被记录下来。

管制员监控到助理管制员与拖车车司机之间的通信，识别出被拖曳飞机的位置在 B-1 停机坪上。没有证据表明，管制员和助理管制员讨论了他们将在控制被拖行飞机方面扮演的角色。ATS SOP 中没有涉及控制车辆在机动区域移动的相关程序，对该程序的详细分析将在本文的后面进行讨论。

在同一区域不同的管制单位在不同频率下进行操作，如果没有适当的协调，就会导致管制员、飞行员和牵引车司机缺乏情景意识。管制员和飞行员没有意识到被拖的飞机在跑道上。

有证据表明，飞行员在下机后意识到被撞击的物体是一架被拖着的飞机。空管人员在询问了牵引车司机后意识到被拖飞机在跑道上，并与 ID7703 相撞。

3. 照明与环境

3.1 塔台内照明

调查观察了塔台内部的照明条件，以及管制人员从塔台观察外部条件的能力。塔台内的大部分灯光在事件过程中被点亮，并反射在塔台内周围的玻璃窗上。玻璃窗上的反射减弱了管制员观察到外部物体的对比度差异。

塔台内玻璃窗上反射的强光增加了管制员在向 ID7703 发出起飞许可前观察任何车辆或物体的难度。

3.2　24 号跑道掉头坪的灯光

当进入距离跑道入口 200 米的 24 号跑道掉头坪时，飞行员感觉掉头坪周围的灯光非常亮，暂时影响了前视效果。

人眼可以通过视杆细胞和视锥细胞的功能来适应黑暗，当它们暴露在光线下时，会发生一种化学变化，在视网膜中引发视觉脉冲。在强光照射下，杆状细胞需要在绝对的黑暗中工作 20 到 30 分钟，甚至更长时间才能达到最大的灵敏度。

在 UTC 时间 12:56:05，飞行员报告说已经在对正准备起飞，飞行员感觉到环境照明"非常明亮"。在 UTC 时间 12:56:47，飞行员开始起飞，暴露在强光下大约 42 秒。这项调查无法确定飞行员暴露在明亮的灯光下 42 秒后，对黑暗环境的适应能力。

24 号跑道上的照明条件并不是绝对的黑暗，但眼睛需要时间来适应从非常明亮的条件到黑暗的条件。有效时间要比眼睛在强光下获得最大灵敏度所需的时间短，这可能有助于飞行员及早识别跑道上的物体。

3.3　在拖曳飞机上安装便携式灯光

在没有任何发动机运转的情况下进行拖曳，也没有为飞机系统提供电力，包括位置（导航）灯。CASR 第 91.209 部分要求，除非飞机有照明灯和点亮位置灯，否则不得移动飞机或将飞机移动到危险的接近机场的夜间飞行作业区域。

作为替代，便携式的红色和绿色商业闪光灯，尺寸约为 8 厘米×3 厘米，安装在每个翼梢上。

CASR 第 25 部分要求的位置灯和防撞灯规定了现场覆盖范围、闪烁特性、颜色和强度的要求。然而，工程指南 EI 并没有描述便携灯的任何技术规范。

停在滑行道 A 上的飞机的飞行员无法看到 240 米外被拖走的飞机。飞机经过塔台前后，管制员没有监测到飞机的位置。这些数据表明，被拖着的飞机不能被看到，尤其是从后面看。

安装的便携式照明灯不符合 CASR 第 25 部分的要求，可能导致了管制员和 ID7703 的飞行员无法观察被拖行飞机。

3.4　照明总结

塔台驾驶室的照明环境使窗户玻璃眩光，这增加了管制人员观察被拖行飞机的难度，尤其是从后面看不清楚。

在可适应的短时间内，非常明亮的环境转变为黑暗，这可能使飞行员无法在起飞前观察到被拖的飞机。

4. 决策

4.1　中断起飞决策

在起飞时，副驾驶看到跑道上有东西，并向机长报告，然后起飞继续进行。几秒钟后，飞机轻微右转，随后，CVR 记录了 RAAS 呼叫 V_1 和撞击声。撞击发生后，飞机被中断起飞。

对机动区域的活动控制分析描述了分开的通信导致 ID7703 的飞行员没有意识到有一架飞机被拖行，也没有意识到它可能在跑道上。此外，对照明和环境条件的分析使飞行员很难在黑暗环境照明不充分条件下识别被拖曳的飞机。

在 V_1 之后中断起飞和接下来的碰撞，很可能是由于因为通信分离、适应时间不足和照明不足的原因使飞行员没有更早地意识到被拖飞机在跑道上。

根据波音 737-800/900 FCTM，中断起飞的决定是机长的责任，通常在 V_1 之前做出。机长判断飞机不能飞行时，允许 V_1 后中断起飞。如果机长是把杆飞行员 PM，他应该启动 RTO 并同时报告异常。

ID7703 左侧机翼在翼梢处约 575 厘米处受损。受损的翼尖脱落，包括部分左副翼和小翼。这种损坏的情况使飞机无法飞行，由于副翼部分的缺失导致不平衡的升力，将使飞机难以控制。

4.2　避让的决策

在起飞滑跑时，ID7703 飞行员注意到跑道上有一个物体。在速度约 115 节时，方向舵和前轮开始偏转，飞机航向大约右转 2° 并持续约 2 秒。这是飞行员偏离并保持飞机位置在跑道中心线和跑道边缘之间的动作。飞行员试图避免与该物体相撞，并留在跑道上。这一动作使飞机偏离跑道中心线约 6 米。

拖车司机看到 ID7703 处于起飞滑跑状态，然后加速拖曳并转向跑道右侧。调查发现，撞击后，拖曳车在草地上，飞机的航向约为 080°。

两架飞机都偏离了跑道中心线，ID7703 的左翼与被拖飞机的左翼和垂直尾翼相撞。图 2.1.15 描述了这种影响。

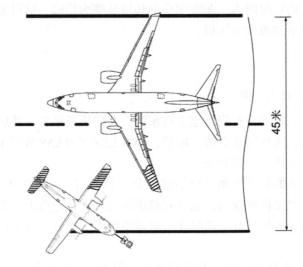

图 2.1.15　撞击图例

飞行员和牵引车司机都决定离开跑道中心线，避免了中心线（头对头）碰撞，但机翼碰撞是不可避免的。与跑道中心线上的飞机碰撞相比，机翼碰撞的严重程度较低。

五、安全建议

1. 印尼巴泽航空公司

机长没有报出中断起飞的原因，虽然中断起飞是根据运营人的政策，但时间和距离不足以避免碰撞。

建议运营人强调 FCTM 章节 3.24 的要求，中断起飞决策时机长应同时通报异常情况。

机长命令从右侧撤离，空乘打开所有服务门，通过观景窗观察后没有看到任何火灾。

建议运营人审查疏散程序和考虑通过观景窗可以观察到的区域。

2. 翎亚航空

牵引是在没有向飞机系统包括飞机无线电和照明系统提供电力的情况下进行的。防撞灯的替代是按照操作人员的工程指南在每个翼尖放置便携式防撞灯。工程指南中没有任何关于便携式照明灯的技术说明。

根据这些调查结果，当地民航局 KNKT 建议：根据 CASR 91.209 规定，确保飞机在夜间操作时有充足的照明。

3. Jasa Angkasa Semesta 公司

助理管制员与牵引车之间的通信使用 Bahasa（当地语音）。AC 170-02 要求飞行员、ATS 人员和其他地面人员使用简单易懂的英语进行交流，英语应尽可能清晰简洁，以避免给使用本国语言以外的人员造成混淆。

建议按规范审核有关拖曳人员资质，包括语言要求。

PT. JAS 拖曳程序要求在低能见度或夜间条件下拖曳时，飞机应有足够的照明。在拖曳过程中安装的便携式照明灯不符合 CASR 25 要求。

建议确保拖曳作业 SOP 的良好执行。

4. 印尼航空公司地区办事处 Halim Perdanakusuma

没有证据表明管制员和助理管制员讨论过在机动区域控制飞机和车辆的活动中发挥作用。

建议更新标准操作程序，以配合管制员确保飞机及车辆在机动区域的安全运作。

跟随的指令没有包括许可限制，可能被理解为被拖飞机被批准跟随 ID7703 进入跑道。

建议按照 AC 170 的要求确保发出的滑行或拖曳指令包含明确穿越或跑道外等待的限制。

5. 印尼空管服务机构哈利姆机场分部和印尼哈利姆机场运营人

飞行员觉得在对正跑道过程中，掉头坪周围的灯光非常亮，短时间内影响了他向前观察的视野。在发布的初步调查报告中，当地民航局（KNKT）建议哈利姆机场运营商和印尼空管在当地的空管机构，应告知航空器运营人在哈利姆机场 24 号跑道入口位置起飞（建议编号为 04. B-2016-57.1）。然而，在发布最终调查报告时，却发现有几架飞机在到达 24 号跑道入口位置之前就开始起飞。

建议加强对 KNKT 建议措施（04. B-2016-57.1）的执行管理。

6. 民航主管部门

在没有任何发动机运转和电力供给提供给飞机系统，包括位置（导航）灯的情况下进行了拖曳。CASR 第 91.209 部分要求如果移动飞机危险地进入机场夜间飞行作业区域，该飞机必须有照明灯和点亮位置灯。

建议机场当局和航空导航提供商对机场活动区的运行程序进行审查，以适应 CASR 91.209 的要求。

印度尼西亚目前有关机场人员资格的规定没有包含国际民航组织标准要求的几个项目。

建议审查有关拖曳人员资质的规定，以符合国际民航组织标准的要求。

CASR 170《空中交通规则》第 170.039 段第（4）点提到了引用《国际民航公约》附件 11 章节的 "以 3.8.3 的规定为准" 的陈述。

建议审查 CASR 的内容，以确保其清晰。

哈利姆机场的跑道长度为 3000 米，有 200 米的内移。然而，已出版的《航行资料汇编》（AIP）第 1 卷第 28 修订版并没有包含总跑道长度减少到 2800 米的信息。建议更新当前发布的 AIP。

案例二　2017 年印尼棉兰机场跑道侵入事故

一、简介

2017 年 8 月 3 日，狮航（Lion Air）的一架波音 737-900 ER 飞机，执行班达亚齐（WITT）至棉兰（WIMM）国际机场的定期航班，航班号 JT197，于当地时间 10 时 10 分（世界协调时 3 时 10 分）起飞，机上有 2 名机组、5 名乘务组，以及 144 名旅客。机长（PIC）作为把杆飞行员（PF），副驾驶作为监控飞行员（PM），该航班是两名飞行员的第二段任务，直到出事前飞机没有任何系统故障信息记录。从起飞到开始进近飞行一切顺利。

同时，一架阿巴迪之翼航空（Wings Air）的 ATR72-500 客运航班预定从棉兰飞往尼亚克迪恩机场（WITC），航班号为 IW1252。机上有 2 名飞行员和 1 名观察员，2 名乘务员和 67 名旅客。

世界协调时 0356，ATR72 飞行员请求棉兰机场管制地面滑行至 23 号跑道的许可，地面管制员指示沿着 U2 滑行。ATR72 飞行员向棉兰机场塔台管制员申请经滑行道 D 进跑道起飞。

协调世界时 0357，波音 737 正在进场着陆，并得到着陆许可。在协调世界时 04:00:01，棉兰机场塔台管制员向 ATR72 飞行员发出条件许可，在波音 737 降落后进入跑道。这个有条件的许可是与空中航路许可一起发布的。ATR72 继续滑行，并进入跑道。

在协调世界时 04:00:50，波音 737 降落在 23 号跑道上，几秒钟后与ATR72 相撞。事故中无人受伤，但两架飞机都严重受损。

撞击后，飞机撞击的碎片留在跑道上。

调查确定事故中不存在飞机适航性问题，根据调查结论事故的促因是：进入跑道的条件许可造成了沟通失误，ATR72 飞行员没有意识到波音 737已经收到着陆许可，以及 ATR72 飞机的运动状态未被管制员观察到。

二、事故事实信息

1. 事故经过

当地时间 8 月 3 日上午 10:56（UTC 3:10），印度尼西亚棉兰（WIMM）机场，一架载有 67 名旅客的 ATR72（机长负责操纵，机组包括一名副驾驶和一名观察员）从 V 机坪申请滑出，地面指令从 V 机坪滑到 23 号跑道等待点，经由滑行道 U—T—C（见图 2.2.1）。

10:57，一架载有 151 名旅客的波音 737 客机准备降落在棉兰机场，机长负责操纵（PF），副驾驶为 PM，这是本套机组当天的第二段飞行，机组报告塔台建立 23 号跑道盲降。

10:58，ATR72 机组联系塔台，申请从 D 滑行道进入并作减跑道起飞（航班晚点），D 滑行道是 05 号跑道的快速脱离道（见图 2.2.1）。

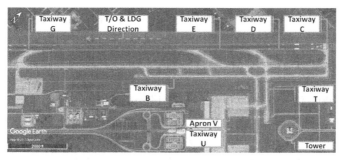

图 2.2.1 机场平面图

随后值班塔台管制员把工作交接给接班的管制员。

10:59，ATR 机组告诉塔台他们接近跑道 23，管制员询问飞机是否准备好立即起飞，机组没有回应，管制员第二次询问，得到肯定回答。管制员计划指挥 ATR 尽早起飞，因为 737 已经在五边，而且后面还有一架飞机跟着。

11:00，塔台发布起飞许可"ONE TWO FIVE TWO behind traffic Lion short final landed passing line up behind runway TWO THREE from intersection DELTA additional clearance after departure direct Meulaboh"。［Wings Abadi 1252 在短五边的狮航（五边的 737 飞机）落地后从道口 D 进 23 号跑道，另外起飞后直飞 Meulaboh 点。］

机组复诵"after departure direct to Meulaboh Wings Abadi ONE TWO FIVE TWO"。（起飞后直飞 Meulaboh 点，Wings Abadi 1252。）

几秒钟后塔台回复道："Namu Tower."（即"Namu 塔台"的意思。）管制员认为机组已经准确知晓了指令，并认为没有必要立即纠正机组的不完整复诵。ATR 飞机继续滑行并进入 23 号跑道。

几秒钟后又有一架飞机建立 23 号跑道盲降，塔台管制员指挥其继续进近，告知了最新的地面风和 QNH，并通报预计 23 号跑道有一架起飞的飞机。

11:00:32，ATR72 穿过跑道等待标志线（黄线），塔台管制员在雷达屏幕上监控另一架进近飞机离接地点的距离。

11:00:46，波音 737 的副驾驶提醒机长所驾驶飞机进近的位置，当时已接近跑道，机长没有回应，副驾驶又提醒了一次。波音 737 的机组知道 ATR72 将在自己着陆以后进跑道，以为 ATR72 现在不会进跑道，然后决定继续进近并集中注意力在着陆操纵上。

11:00:50，波音 737 接地，塔台管制员的注意力从雷达屏幕转移到跑道。

11:00:52，ATR72 穿越跑道边线（白线），并继续往跑道中心线滑行。波音 737 副驾驶提醒机长那架飞机进跑道了，机长做了回应。

11:00:56，两架飞机相撞。波音 737 左侧机翼撞到了 ATR 机翼与前机身。

11:01:00，波音 737 飞行员向棉兰塔台管制员确认跑道上有另一架飞机，这一点得到了承认。棉兰值班塔台主管注意到跑道上有两架飞机，塔台管制员此时处于惊慌状态。此后，棉兰塔台主管接管了棉兰塔台的通信。

11:01:47，波音 737 飞行员两次联系棉兰塔台，棉兰塔台主管在

11:02:01做出回应，并指示他们通过滑行道 G 跑道。

11:02:05，波音 737 飞行员通知棉兰塔台飞机已经着陆，问为什么 23 号跑道上有另一架飞机。棉兰塔台主管要求飞行员稍等。

11:02:30，棉兰塔台主管指示另一架到达的飞机进行复飞。另一架抵达的飞机驾驶员要求在批准的最后进近位置向左盘旋。

11:03:02，ATR72 飞行员联系棉兰塔台，并被要求稍等。棉兰塔台主管随后指示波音 737 飞行员联系棉兰地面管制员。

11:03:18，波音 737 飞行员联系了棉兰地面控制人员，被指示滑行到 31 号停机位。

11:03:20，棉兰塔台主管向 ATR72 发布起飞许可，并附加指令离地后左转航向 315。ATR72 飞行员回应 ATR72 无法起飞。棉兰塔主管随后指示 ATR72 飞行员在跑道上等待。

11:04:13，棉兰塔台主管指示另一架抵达的飞机爬升到 4000 英尺，联系棉兰进近，等待进一步指示。

11:04:28，棉兰塔台主管向棉兰进近请求 ATR72 起飞许可，ATR72 被许可离港并直飞 Meulaboh 点。

11:04:40，棉兰塔台主管向 ATR72 发出起飞许可，ATR72 飞行员的反应是要求返回停机坪进行检查看飞机是否有损坏。棉兰塔主管批准了这一请求，指示 ATR72 通过滑行道 E 脱离跑道，然后联系棉兰地面管制。

11:05:21，另一架起飞飞机的飞行员通知棉兰塔台飞机在滑行道 C 上，并停在 23 号跑道等待线。棉兰塔台主管指示其待命。

11:07:17，ATR72 飞行员联系了棉兰地面管制员，被指示滑行至 2 号停机位。

在与棉兰进近管制员协调另一架飞机离场并获得许可后，棉兰塔台主管指示另一架离场飞机进入 23 号跑道，然后在 11:07:21 发布起飞许可。这架离港飞机于 11:08 起飞。

11:08:38，另一名到达的飞行员联系了棉兰塔台并收到继续进近的指令。11:08:55，波音 737 飞行员通知棉兰地面管制员跑道上的飞机碎片可能会对其他飞机造成危害。棉兰地面控制员确认并通报了棉兰塔台主管。

11:10:26，另一名离场飞行员通知棉兰塔台跑道上有异物碎片。棉兰塔台主管建议他们联系棉兰进近。

11:10:44，棉兰塔台主管向另一架到达飞机发布着陆许可，飞机确认收到。

11：10：51，波音 737 飞行员再次通知棉兰地面管制员跑道上的碎片，并建议通知机场跑道和相关单位。

11：14：06，在 23 号跑道着陆后，另一名到达的飞行员通知棉兰塔台跑道上有外来物（FOD），被确认收到。

ATR72 和波音 737 停在指定的停机位，旅客正常下机。

11：31：11，棉兰塔台管制员向所有相关飞机宣布，跑道将被关闭直到 11：40。在所有的碎片被收集和跑道被清理后，跑道重新开放。11：55 恢复正常运行。

2. 人员信息

波音 737 机长：45 岁，总飞行时间 9200 小时，737 机型 2296 小时。体检合格证没有运行限制，佩戴同时矫正远视和近视的眼镜。

波音 737 副驾驶：23 岁，总飞行时间 500 小时。

ATR72 机长：59 岁，总飞行时间 13006 小时，机型时间 624 小时，体检合格证没有运行限制，佩戴同时矫正远视和近视的眼镜。

ATR72 副驾驶：23 岁，总飞行时间 264 小时，本机型时间 209 小时。

塔台管制员：24 岁，2017 年入职。

地面管制员：23 岁，2016 年入职。

塔台主管：34 岁，2014 年入职。

棉兰塔台人员经历：棉兰塔台的管制员 2015 年在航空学院学习成为一名空中交通管制员时接受了处置飞机不正常运行的模拟器训练，而棉兰塔台主管在 2005 年受到了类似的训练。这个事件是现实运行中棉兰塔台管制员和主管第一次处理不正常的飞行运行事件。

值班的棉兰塔台管制员已经在 2015 年航空学院空中交通管制员课程期间接受了使用条件许可的训练。调查没有发现任何文件能表明入职后对条件许可的要求已被棉兰空中交通管制员演练过了。

棉兰塔台管制员日常工作中经常在未经离港飞机飞行员确认正确识别进港飞机的条件下发布涉及离港和进港飞机的条件许可。棉兰塔台管制员不记得以前有飞行员误解过他发布的条件许可。

棉兰塔台管制员和主管在 2017 年 5 月进行了一次能力检查以保持其机场管制员等级。在能力检查期间，没有就跑道上不确定情况相关的空管标准操作程序进行讨论。

3. 气象信息

事故发生时当地天气晴朗，能见度良好。

三、事故分析❶

1. ATR72 运动情况

ATR72 机组不知道进近的波音 737 在短五边，并且已获得着陆许可。塔台给波音 737 发布着陆许可时 ATR72 尚未转到该塔台频率。

ATR72 滑出比计划晚了一些，机组请示从滑行道 D 进跑道作减跑道起飞以节约时间，获得了管制员许可，属于正常程序。

ATR72 接近跑道等待线时，副驾驶（角色为 PM）在读起飞前检查单时机长（角色为 PF）向塔台报告飞机到达 23 号跑道等待线。塔台询问他们是否做好立即起飞准备，机组未回答，当时副驾驶仍在读检查单。正常分工应该是右座的副驾驶负责与管制员联系，此时左座机长进行通话，而且是在副驾驶读检查单期间，可能是机长想快些离港的表现。

塔台管制员第二次询问 ATR72 是否做好立即起飞准备时，飞机是停止的，副驾驶仍在读检查单，三秒钟后机组回复他们做好了立即起飞的准备。此时塔台管制员的本意是计划让 ATR72 在短五边波音 737 着陆后立即起飞，因为后面还有一架飞机紧跟，但 ATR72 机组并不清楚。

当 ATR72 机组回复准备好立即起飞后，塔台管制员给出了一个进跑道的条件许可，而且后面还附加了一条航路指令，并且语速很快（超过国际民航组织标准一半多）。

ATR72 的副驾驶飞行经验不多（只有 109 小时本机型飞行时间），没能力完整记住管制员快速发布的指令，只复诵了指令最后的航路指令部分，而没有复诵前面的条件许可。管制员想当然地以为机组已经准确地理解了空管指令，立即纠正不完整的机组复诵没有必要。

根据飞行数据记录器的数据，副驾驶的复诵尚未结束时飞机已经开始再次滑动了。这表明机长没有遵照条件许可中等待五边的飞机着陆之后才能进跑道的要求，也表明机长没有认真监听副驾驶的通信，这些可能因为机长注意力集中在了快点起飞上（有延误）。

---

❶ 以下要点摘自于事故调查报告。

11:00:22，塔台指令刚刚建立23号盲降的飞机继续进近，通报23号跑道将有一架飞机起飞，塔台的目的在于让进近的飞机知晓前面的波音737落地后会安排进一架起飞的飞机。这个通话可能令ATR72机组确信自己次序优先，因为他们没有监听到在这之前的该频率的通信，所以也就无从知晓短五边还有个即将着陆的波音737飞机。

概括地说，ATR72机组认为自己获得了进跑道许可，归结为：

（1）塔台向他们证实是否做好了立即起飞的准备；

（2）机组对管制员过快的指令的不完整理解；

（3）管制员对机组不完整的复诵未纠正；

（4）给另外进近的飞机关于ATR72将起飞的信息；

（5）ATR72机组不知道有一架波音737在五边已经得到了着陆许可。

2. 波音737的运动情况

ATR72接近23号跑道等待线时塔台管制员跟机组证实他们是否做好了立即起飞的准备，此时波音737飞机高度993英尺，机组听到了地面飞机（ATR72）确认已经做好了立即起飞的准备，机长指令副驾驶提醒塔台他们在短五边，此时他们听到了塔台发给地面飞机的条件许可"五边飞机着陆后进跑道"，于是他们决定不需要对塔台进行提示自己在短五边了。

塔台发布给ATR72的指令超过ICAO 9432文件标准要求的速率，但波音737机组听明白了，因为他们在关注这个通信。

11:00:46，波音737高度37英尺，副驾驶提醒机长地面飞机在靠近跑道，两机相距643米，此时ATR72飞机尚未穿过跑道边线，波音737机组知道地面飞机将会在自己着陆后进跑道，因此他们决定继续进近并集中注意力在着陆上。

11:00:49，波音737高度7英尺，两机相距431米，副驾驶再次提醒机长地面飞机的位置接近跑道。他们认为那架飞机不会滑进跑道里面，所以决定继续着陆。

一秒钟以后波音737接地，两秒钟后副驾驶提醒机长那架飞机滑进跑道了，机长收到。此时ATR72飞机已经穿过跑道边线（白线）。

波音737接地后向右偏离中心线，但未能避免两机相撞。

调查组根据波音737飞机性能计算了如果在37英尺处采取复飞决策的复飞爬升轨迹，结论为不能避过643米处的地面飞机，因此调查组认为着陆前波音机组看到了侵入跑道的飞机决定继续着陆可能避免了更严重的两机相撞。又计算了接地后波音 737 在跑道内偏转航向也不可能避开两机相撞，但撞击会轻于中心线相撞。

3. 管制员的注意力

空管规章要求塔台管制员需要持续关注机场区域飞机的活动。

事发时塔台管制员计划在波音 737 着陆后，另一架进近的飞机着陆前，指挥 ATR72 离港。

11:00:01—11:00:15 期间，塔台管制员与 ATR72 飞机进行了通话，发布了等待五边飞机着陆后进跑道的条件许可。基于管制员的经验，尽管 ATR72 机组复诵指令不完整，但他认为机组会在波音 737 着陆后才进跑道。

11:00:11，ATR72 的数据记录器显示飞机地速开始增加，表明飞机开始滑行进跑道。

11:00:18，另一架飞机报告建立 23 号跑道盲降，管制员的注意力转向控制台以查看最新的地面风与 QNH 数值。

11:00:22—11:00:32，塔台管制员与新建立盲降的飞机进行通话，通报了地面风、QNH，以及有一架飞机在 23 号跑道上准备离港的信息。之后在雷达屏幕上监控两架进近飞机的距离，计算该距离是为了在两架着陆的飞机中间能放行 ATR72 飞机起飞。

当 ATR72 穿越跑道等待线和跑道边线时塔台管制员没有观察到它。

由于指挥其他飞机，以及他认为 ATR72 机组已经理解了进跑道的条件许可，塔台管制员未能关注 ATR72 飞机的运动。

4. 条件许可

ICAO 9432 文件要求管制员的指令语速不能超过 100 字每分钟。而事发时塔台管制员在 10 秒钟发给 ATR72 的指令如下，"Wings Abadi ONE TWO FIVE TWO behind traffic Lion short final landed passing line up behind runway TWO THREE from intersection DELTA additional clearance after departure direct Meulaboh"，折合 168 字每分钟，远超标准。

空管的规章要求除非机组与管制员都能看到相关的飞机，否则在运行的跑道上的飞机活动上不能使用条件许可，比如"behind landing aircraft"或"after departing aircraft"。

驾驶舱录音器没有记录到 ATR72 机组看到了五边的飞机。管制员发布的飞机落地后进跑道的条件许可没有满足离港机组看到了着陆飞机的要求，而且指令伴随着一条航路许可。

管制员 2015 年在航空学校获得了如何使用条件许可指令的培训，但是调查组没有发现任何文件说明之后他进行过演练，两年过去了，他学习的知识可能已经遗忘了。

在离港飞机没有确认准确识别进近飞机的条件下，发布条件许可对于棉兰塔台管制员来说是经常的事。这种偏差从未被其他同事纠正，或者在技术检查过程中被检查员讲评，该管制员记不起曾经因为这样的条件许可而导致过飞行员误解。

棉兰空管的标准程序中缺少对发布条件性许可的详细描述。

相关信息存储在大脑中超过两年而未经再演练，可能已经被管制员遗忘了，长期错误地使用条件许可而从未被纠正导致管制员以为自己的做法是正确的，标准程序中缺少细节描述，可能令管制员忽略了相关要求。

5. 从快速脱离道起飞的风险

ATR72 申请从快速脱离道口 D 进跑道起飞是为了早点起飞，因为他们晚点了。空管的标准程序允许飞行员提出从交叉道口进入起飞跑道。如图 2.2.1 所示快速脱离道口 D 与跑道陡峭的夹角可能增加了 ATR72 观察五边波音 737 的难度（地面飞机侧背对着五边），这个大的夹角原本是用来给着陆后脱离的飞机的，可以加快飞机的脱离速度。

从快速脱离道口起飞，尤其是在五边飞机落地后进跑道的条件许可下需要地面飞行员目视五边飞机时，风险是明显存在的。但是调查组没有发现任何程序要求在此种情况下管制员给飞行员预先提供警示。

由于过陡的夹角，发布进入快速脱离道口有关的条件性许可增加了飞行员寻找五边飞机的难度。

6. 推迟跑道检查的决定

碰撞发生在滑行道 D 与跑道交叉路口附近，当时从塔台看过去大约是 11 点钟方向（机场布局见图 2.2.1）。棉兰塔台控制员无法清楚地观察到碰撞，因为碰撞点在 ATR72 的右侧，可能被 ATR72 机身遮挡。碰撞导致波音 737 飞机的左翼和右翼与 ATR72 的机头部分受损。碎片散落在跑道上，包括 ATR72 右侧机翼的分离部分，长约 2.8 米。

碰撞发生后，波音 737 飞行员向棉兰塔台管制员报告降落时跑道上有架飞机。值班的棉兰塔台主管注意到跑道上有两架飞机，棉兰塔台管制员开始惊慌失措。此后棉兰塔台主管接管了棉兰塔台的通信。

棉兰塔台管制员向 ATR72 飞行员发布了起飞许可，但被拒绝了，飞行员要求返回停机坪检查飞机受损情况。波音 737 和 ATR72 的飞行员没有报告说已经发生了碰撞。

11：07：21，在 ATR72 离开跑道后，棉兰塔台主管为其他离港飞机发布起飞许可。这表明棉兰塔台的主管没有意识到碰撞，包括碎片在跑道上。

跑道上两架飞机的状况和起飞飞机要求返回停机坪检查可能的损坏情况没有引发棉兰塔台主管确认可能已经发生飞机碰撞的行动。

11：08：55，波音 737 飞行员通知棉兰地面管制员跑道上的飞机碎片可能会对其他飞机造成危害。棉兰地面管制员收到了这一点，并把信息转达给棉兰塔台主管。

11：10：26，另一名飞行员在离场升空后通知棉兰塔台主管说跑道上有异物（FOD）。

11：10：44，棉兰塔台主管向其他到达的飞机发布了着陆许可。

两名飞行员向棉兰塔台主管报告了跑道上的碎片，他之后通知了机场跑道和相关单位。等待检查跑道的时候，另外到达的飞机着陆了。

11：31，棉兰塔台管制员关闭了跑道的运行以进行检查。

当地空管标准操作程序子章节 13.1.5 要求，如果对运动区域的安全性有任何疑问，空中交通管制应当要求机场跑道和相关单位检查情况不确定的区域。空中交通管制将延迟飞机的起飞、落地，直到检查结果表明该活动区域是安全的，尤其是当由于不正常的飞机操作导致存在异物碎片（FOD）时。

在可能的飞机碰撞后情况不确定的情况下仍然推迟跑道检查的决定不符合 ATS SOP。这两名飞行员提供的跑道上有碎片的信息表明跑道上有危险，没有触发棉兰塔台管制员立即关闭跑道的操作。

7. 异常情况下的空中交通管制员能力

棉兰塔台管理员和主管在航空学院学习期间接受了异常和紧急情况培训。为了确保所有空中交通管制员遵守标准操作程序（SOP）并保持他们的能力，印度尼西亚棉兰航空导航分部要求每六个月进行一次能力检查，作为保持管制员管制等级要求的一部分，包括理论和实践检查。上次能力检查没有讨论空管服务的标准操作程序（ATS SOP）第 13.1.5 小节涉及异常情况下的相关程序。最后一次实践检查是在真实情况下按照执行空中交通管制的日常职责时进行的。在那里没有模拟处理不正常的飞机操作。

棉兰塔台主管最后一次模拟异常飞机操作是在 2005 年，而棉兰塔台管制员是在 2015 年。他们都是在航空学院学习成为一名空中交通管制员的。调查没有发现任何文件表明棉兰塔台主管或管理员已经演练过如何处理异常情况。异常情况很少发生，空中交通管制员在日常操作中可能不会经历这些。然而，当它发生时他们应该能够妥善处理。长时间储存在记忆中的信息如果没有任何演练则很可能被遗忘，导致无法处理异常状况。

四、事故后的安全举措与安全建议

1. 印度尼西亚棉兰机场航空管制分支办公室发布指令

（1）禁止飞机从快速脱离道口起飞。
（2）要求管制员逐条指令监听机组的复诵。
（3）避免使用过长的指令。
（4）避免使用"behind landing aircraft"的条件性许可。
（5）值班室不准使用手机等。

2. 两家航空公司出台相关规定

（1）引入无干扰驾驶舱制度，规定运行期间驾驶舱与客舱、驾驶舱内部的通信交流仅限安全或运行相关内容，以避免机组的注意力分散。
（2）如果可能的话不要使用交叉道口起飞。
（3）进入或穿越跑道时要四周扫视。
（4）在任何情境下匆忙操作都不是一个好的选项，应确保程序的完整。
（5）在进跑道前确保所有检查单都已经实施完毕。

3. 印尼安全运输委员会（KNKT）发布以下建议

04. 2017-25. 6：由于离港飞行员很难看到到达的飞机，从快速出口滑行道（RET）离场的飞机可能存在危险，特别是当需要在着陆的飞机后面才能进跑道的条件许可时。调查组未找到空中交通管制程序中有使用 RET 时给离场飞机提供预警的内容。此外，事故之前在棉兰的日常作业中从未提及用 RET 离港时的预警问题。

KNKT 建议确保空中交通管制员在允许离场飞机使用 RET 时考虑可能的危险。

04. A-2017-25.7：印度尼西亚空中交通管理局棉兰分部在为执行国际民航组织4444文件而发布的ATS SOP中关于条件许可的要求描述不详细。若想完全理解该现有手册程序的要求，空中交通管制员得参考另一份手册。尽管该程序在事件发生后已被修改，但可能同样存在其他要求的细节被空管员忽略的问题。

当地事故调查机构（KNKT）建议审查空管服务的标准操作程序，以包括详细的程序或空中交通管制员指南。·

04. 2017-25.8：异常情况很少发生，在日常操作中空中交通管制员可能不会经历这些。然而，当它发生的时候他们应该能够处理。此外，在航空学院的能力检查不包括模拟处理异常飞机操作。演练的缺席可能会使不正常处理程序被遗忘，导致无法正确处理异常情况。

KNKT建议审查能力检查或以其他方法确保空中交通管制员处理飞机运行异常情况的能力。

第三章 冲偏出跑道事故案例

案例一 2005 年美国芝加哥机场
波音 737 飞机着陆冲出跑道事故

一、事故简介

2005 年 12 月 8 日，美国中部标准时间 19 点 14 分，一架西南航空公司波音 737 客机在芝加哥中途国际机场降落后冲出 31C 跑道末端，导致机上与地面多名人员伤亡。

美国联邦交通运输委员会（NTSB）认定此事件的可能原因为飞行员在飞机着陆后未能及时地使用反推来减速并停下飞机，这导致了飞机最终冲出跑道。而这种失误的原因是着陆后机组第一次使用他们并不熟悉的自动刹车系统，由于注意力分散影响了他们在充满挑战的着陆过程中使用反推。

导致事故的其他原因是西南航空公司：（1）未能向其飞行员提供相关公司政策，以及与进近着陆距离计算相关的程序也未能提供清晰一致的指导和培训；（2）机载性能计算机的编程和设计存在不足，它没有清楚描述计算机程序中对飞行员决策至关重要的内部假设；（3）工作计划上的不足，在没有熟悉期的情况下实施新的自动刹车程序；（4）未能在进近评估中考虑安全裕度操作的不确定性；（5）导致事故的另外一个原因是，有报告称刹车效果不佳，顺风分量超过 5 节的情况下飞行员未能备降另一个机场；（6）导致事故后果严重性高的原因还有缺少工程材料拦阻系统（EMAS），因为 31C 跑道起飞端以外的跑道安全区域有限，所以有必要安装此系统。

调查报告中讨论的安全问题包括飞行机组的决策和行动，机载性能计算机中使用的假设的清晰度，美国西南航空公司的政策、指南和培训，进近着陆距离评估和安全裕度，也包括跑道表面状况评估和刹车效应报告，对于跑道道面摩擦系数的测量和跑道安全区域设置。

二、事故发生过程与事实

1. 事故发生过程

2005 年 12 月 8 日，大约美国中部标准时间 19：14，西南航空公司（SWA）1248 航班，机型为波音 737-7H4，在芝加哥中途国际机场落地后，冲出 31C 跑道的末端。这架飞机穿过了机场围栏，进入了邻近的公路，在那里撞上了一辆汽车，然后停下来。汽车中的一名儿童死亡，一名汽车乘员受重伤，另外三名汽车乘员受轻伤。103 名机上人员（98 名旅客，3 名乘务员，2 名飞行员）中有 18 人受轻伤，飞机严重受损。该飞机是按美国联邦条例（CFR）第 121 部规定运行，东部标准时间 17：58 从巴尔的摩-华盛顿国际机场起飞。事故发生时是仪表气象条件，飞行按照仪表飞行规则运行。

由于芝加哥地区天气状况恶化，该航班晚起飞 2 小时。机长是事故发生的把杆飞行员，副驾驶履行监视飞行员职责。

飞行员们表示，在离开巴尔的摩-华盛顿国际机场之前，他们仔细检查了从签派收到的两份天气信息和签派放行文件。第三份签派文件已经准备好，但在起飞前没有交付给飞行员。该文件根据天气变化修改了预期着陆风（从"静风"到"090°11 节"）、跑道刹车效应（从"湿的—好"到"湿的—一般"）和着陆跑道（从 04R 到 31C）。飞行员说，他们随后收到了更新的中途国际机场天气信息和用于跑道 31C 的跑道状况/刹车效应报告，这是当时在中途国际机场实际使用的跑道。事故发生后对飞行员的采访以及来自驾驶舱语音记录仪（CVR）数据和空中交通管制（ATC）通话的证据表明，跑道 31C 的刹车效应报告是中等，其中报告跑道的前半段刹车效应良好或正常，而后半段刹车效应差。

飞行员还表示（CVR 的证据也证实了这一点），他们在从巴尔的摩-华盛顿国际机场到中途国际机场的途中评估并讨论了该公司新的自动刹车系统程序，此次飞行是两名飞行员首次使用自动刹车着陆。

大约 18：33：17，当飞机在 10000 英尺高度接近中途国际机场时，空中交通管制向飞行员发出进入等待指令（ATC 提示，飞机等待是因为中途国际机场的扫雪机在清理跑道）。

大约 18:44:04，飞行员告诉 ATC，他们正在 10000 英尺的高度进入等待模式。副驾驶表示，在等待状态下，他在性能计算机（OPC）上输入了最新的天气和跑道情况以及地面风信息（090°11 节），以确定跑道 31C 所需的着陆距离。报告的风况导致了计算出的顺风风速为 8 节。西南航空限制波音 737 飞机在所有跑道表面条件下只能以 10 节或 10 节以下的顺风分量条件下着陆。此外，西南航空公司的政策和飞行操作手册表明，该公司不允许 5 节顺风分量以上在刹车不良的跑道上降落。事故后的声明和 CVR 证据表明，事故飞行员意识到这些限制，并确信如果整个跑道刹车效应报告为差，他们将无法在中途国际机场着陆。

副驾驶在 OPC 中输入了多个场景，分别输入了好的和差的飞行员刹车效应报告值，因为 OPC 设计不接受混合的刹车效应报告输入。根据副驾驶的输入，OPC 估计刹车效应正常条件下飞机将会在距离跑道尽头约 560 英尺处停下来，如果刹车效应差则将会在约 40 英尺处停下。飞行员陈述到他们决定按照西南航空公司的政策，如果顺风部分增加到 10 节以上，或者如果飞行员刹车效应报告表明整个跑道的刹车效应不良，他们将备降到另一个目的地（堪萨斯城或密苏里州圣路易斯市）。自动终端信息服务（ATIS）报告称，31C 跑道目视距离（RVR）为 10，大约 5000 英尺。

大约在 18:54:10，空管开始向飞行员提供雷达引导下降，他们离开等待区域飞向 31C 跑道仪表着陆系统（ILS）最后进近航道。据报道，当时 RVR 为 4500 英尺到 5000 英尺变化，ATIS 报告风为 100°11 节。

大约 19:03:44，空中交通管制允许飞行员截获跑道 31C 航道。不到一分钟后，空中交通管制发布进近许可，并告知他们跑道 31C 报告的刹车效应是"好的，除了最后……差"。

根据 CVR 的记录，当飞行员在 19:09:53.7 联系中途国际机场空中交通塔台（ATCT）时，管制员建议他们"继续进近（跑道）31C，风向 090，刹车效应报告前段良好，后段差"。

大约在 19:12:28，副驾驶收到了 ATC 的着陆许可。飞行数据记录仪（FDR）的数据显示，飞机以约 124 节的空速降落在跑道中心线上。减速板展开，刹车压力在 1 秒内指示上升。两名飞行员都用"平稳"来形容着陆。

机长陈述，着陆后他试图立即展开反推手柄，但很难将反推手柄移动到反推的位置。他进一步说，在飞机着陆后，他感觉防滑系统在循环，但随后感觉它停止了循环，飞机似乎在加速。他说随后他使用了人工刹车，但没有进一步尝试激活反推。他告诉调查人员，他认为在他最初尝试使用反推后再使用自动刹车系统分散了他对反推的注意力。

副驾驶说，在降落过程中当他感觉到飞机的减速率下降时，他惊呼"刹车，刹车，刹车"，然后踩下了刹车。之后他看了看中央控制台，看到反推杆仍然在收起的位置。他将机长的手从反推杆移开，大约在着陆15秒后，启动了最大反推设置。FDR的证据证实了飞行员的描述，全推力反推在着陆后约18秒发生。

然而，飞机冲出了31C跑道的末端，继续穿过跑道安全区域（RSA）防爆围栏、一个导航辅助天线、机场道路、机场周边围栏，进入相邻的公共道路。飞机在这条路上撞上了一辆向北行驶的汽车，然后在机场西北角的十字路口附近停下来。（图3.1.1和图3.1.2显示了飞机在31C跑道末端的位置。）

图3.1.1　冲出31C跑道停在公路路口的事故飞机照片

副驾驶说，在飞机停下后他执行了紧急撤离检查单，机长检查了机舱。旅客通过左前和右后舱门被疏散。

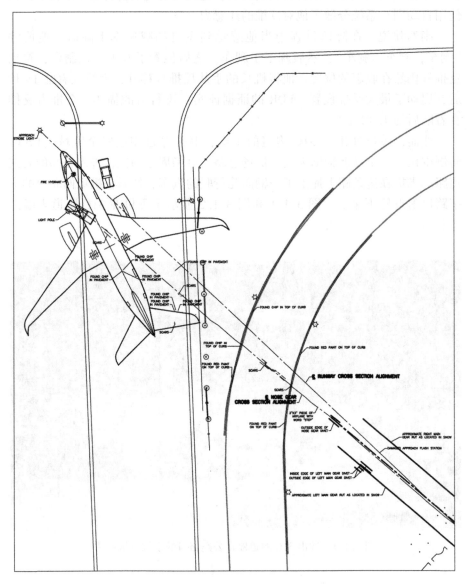

图 3.1.2　飞机冲出 31C 跑道（飞机头部朝向 340°）

2. 人员信息

机长：现年 59 岁，于 1995 年 8 月 3 日受雇于美国西南航空公司，之前曾在美国空军当了 26 年的飞行员，他被聘为副驾驶并在 2000 年 7 月晋升为机长，持有多发航空运输飞行员（ATP）执照，波音 737 的型别等级。机长持有 2005 年 9 月 21 日签发的一级联邦航空管理局（FAA）的飞行员体检合格证，证上注明他"必须佩戴矫正镜片的限制"。根据机长在西南航空的工作和飞行记录，总飞行时间约 15000 小时，包括担任机长的 9500 小时，其中 4500 小时是在 737 飞机上。在事故后的采访中，机长说他在事故发生时戴着眼镜。FAA 的记录显示，他没有事故或事件的历史、违法行为记录，或飞行员执照和等级失效或重新考试历史记录，也没有发现驾照被暂扣或吊销的记录。在事故发生前机长已经 4 天没有飞行了。他告诉调查人员说，他在事故发生的前一天晚上睡得很好，从他在纽约州布法罗的家出发，大约在 12：35 到达巴尔的摩-华盛顿国际机场。出事的飞机大约在 16：50 推出。在事故后的采访中，机长说事故发生那晚的天气是他经历过的最差的，但他认为能够安全着陆。他估计自从到西南航空工作已经在冬天道面不佳的状况下着陆了 12 到 15 次。然而，他说以前从来没有认为他不能在跑道尽头停下来。机长进一步告诉调查人员，他以前从未在模拟机或飞机着陆时使用过自动刹车系统。

副驾驶：34 岁，是梅萨巴航空公司的萨博 340 飞行员，工作了 6 年（2 年作为副驾驶，4 年机长），之后于 2003 年 2 月 17 日被西南航空聘为 737 副驾驶。他持有波音 737 的 ATP。持有一级 FAA 体检合格证，签发日期为 2005 年 10 月 18 日，并注明了限制"必须佩戴矫正镜片"。根据副驾驶在西南航空的工作经历和飞行记录，他总飞行时间约为 8500 小时，包括 4000 小时的机长时间和大约 2000 小时在 737 飞机上担任副驾驶。FAA 的记录显示他没有事故或事件记录、违法行为记录，或飞行员执照和等级失效或重新考试历史，也没有发现执照被暂扣或吊销的记录。事故发生时，副驾驶被安排航班备份，并于 12 月 8 日 10 时 40 分左右在巴尔的摩机场办理了备份登记。他告诉调查人员他前一天晚上睡了大约 8 个小时，事故当天航班上小睡了一会儿。在事故后的面谈中，副驾驶说他在事故发生时戴着眼镜。在事故后的采访中，副驾驶说他有很多类似于他们在 2004 年 11 月 20 日晚上事故时遇到的天气情况的经历，尽管大部分经历是在他被西南航空雇佣之前。他说自从他被西南航空雇佣以来，他只在雪地里降落过几次，但"没有不寻常的事情发生"。他还告诉调查人员，他以前没有在模拟机或飞机着陆时使用过自动刹车系统。

3. 天气信息

事故发生当天大约06:20，国家气象局（NWS）芝加哥地区预报办公室开始发布伊利诺伊州北部的降雪警告。公告显示，伊利诺伊州东北部和芝加哥将开始降雪，大都会在上午中段开始持续到晚上，下午中段降雪增强。大约在18:19（事故发生前不到1小时），国家气象局发布了冬季天气预警，表明芝加哥地区将有一场大雪，一直持续到午夜，预计有6到9英寸降雪量。据报道，大约从13:47这个时间中途国际机场开始下雪，12月9日大约01:26结束，大约10英寸的降雪量。大约18:53时在中途国际机场记录的一次官方天气观测显示有风100°11节；能见度1/2英里（sm），中雪和冻雾；离地高度400英尺处半天云，离地高度1400英尺处多云；温度-3℃（28℉）；露点度-4℃（23℉）；高度表设定值为30.06英寸汞柱。备注：自动观察系统：跑道31C 10分钟平均跑道视程4500英尺。过去一小时积雪增量1英寸，总厚度达10英寸，每小时降水量小于0.01英寸（微量）。如前所述，根据事故后对空管人员的采访，事故当晚因为进近能见度要求，仪表着陆系统（ILS）31C跑道是事故当日中途国际机场商业航班唯一可用的进场通道。

事故发生后（19:37）在中途国际机场记录的一次特殊天气观测报告显示：风向160°，风速5节；大雪和冰冻雾，能见度1/4英里；天空模糊，垂直能见度200英尺；温度度-3℃（28℉）；露点度-4℃（23℉）；高度表设定值30.05英寸汞柱。备注：自动观察系统：跑道31C 10分钟观测平均跑道视程3000英尺。

中途国际机场的天气观测是由自动地面观测系统进行的（ASOS）。事故时间段5分钟观察表明：19:10时的天气观测：风向110°，风速8节，能见度1/2英里，中雪和冻雾，400英尺，满天云1400英尺，温度-4℃，露点度-5℃，高度表调定30.06英寸汞柱。备注：跑道31C视程4500英尺、5000英尺变化，每小时降雨量不到0.01英寸。19:15时的天气观测：风向110°，风速7节，能见度1/2英里，中雪和冻雾，天空模糊300英尺垂直能见度，温度-4℃，露点度-5℃，高度表调定30.06英寸汞柱。备注：跑道31C视程4500英尺、5000英尺变化，每小时降雨量不到0.01英寸。

飞行机组签派放行和飞行过程中天气信息：西南航空的记录表明，事故航班前飞机的原始签派文件被修改了三次。对这些文件的审查表明签派文件的修改源于目的地备降机场、应急燃油，以及计划在中途国际机场降落的跑道的变化。事故航班的放行油量计算基于 31C 跑道，放行包括两个目的地备用机场中距离最远的一个，加上 90 分钟的应急燃油。

签派文件的中途国际机场预报信息是国家气象系统大约在 12 月 8 日 15:15 发布的，有效期间从当日 15:00 到 12 月 9 日 12:00。这一预报表明了 15:00 后的下列情况：风向 080°，风速 11 节，能见度 1/2 英里，有中雪和冻雾，多云 400 英尺；15:00 和 16:00 之间短时变化，能见度 1/4 英里，有中雪和冻雾，天空模糊 200 英尺垂直能见度。16:00 后，风向 070°，风速 8 节，小雪和雾中，能见度 1 英里，500 英尺多云；16:00 到 19:00 之间短时变化，能见度 1/2 英里，有中雪和冻雾，天空模糊垂直能见度 400 英尺。19:00 后，风向 050°，风速 7 节，能见度 2 英里，雪，多云，云底高海拔 700 英尺。21:00 以后，风向 340°，风速 12 节，小雪能见度超过 6 英里，满天云海拔 2500 英尺；21:00 和 00:00 之间短时变化，能见度 3 英里，有小雪阵雨。相关国家气象系统预报信息表示降雪系统的到来可能会稍有延迟。事故发生的当天下午和晚上该地区有重大降雪。随后在 17:38 发布的最终预报预测了降雪的结束。12 月 9 日清晨，由于天气系统离开了这个地区，云底高和能见度改善。

三、事件分析

1. 事故模拟

调查组根据事发时的减速装置使用、天气、道面状况对事故飞机的着陆性能进行了模拟（表 3-1-1）。模拟显示，该机需要额外的 753 英尺跑道长度才能停下来（#31）；如果把顺风换成顶风（#33），则飞机可以停止在跑道内距离末端 584 英尺处；如果使用西南公司常规的减速程序（飞机接地后两秒钟内拉出反推，直到 80 节，从 80 节到 60 节柔和收回反推到反推慢车），则飞机会冲出跑道 1351 英尺（#53）；如果使用波音公司推荐的程序（与西南公司的程序类似，除了要求全反推保持到 60 节，60 节到 30 节柔和收反推到反推慢车位），则飞机将冲出 531 英尺；然而，如果模拟接地后两秒钟内拉出反推，保持直至飞机停下，则飞机会在跑道内距离末端 271 英尺处停下来。

表 3-1-1　事故后模拟不同减速情景计算的停止距离和跑道脱离速度

Simulation Case #	Simulation ground speed at runway exit	Calculated runway 31C distance remaining
#31 (accident event conditions)	50 knots	-753 feet
#33 (accident event conditions, but with a headwind)	not applicable	584 feet
#53 (SWA reverse thrust)	46 knots	-1,351 feet
#54 (Boeing reverse thrust)	30 knots	-531 feet
#60 (Maximum reverse thrust stop)	not applicable	271 feet

2. 机组继续着陆的决策：与之相关的认知和可用信息

在调查过程中，安全委员会评估了飞行员在中途国际机场着陆的决定以及他们在进近和着陆过程中的行为。章节 2.2.1 详细描述了飞行员在着陆过程中使用的刹车效应报告，其中包括混合刹车、着陆距离评估。第 2.2.2 节讨论了性能计算机（OPC）在到达着陆距离评估期间显示的信息，以及飞行员对性能计算机（OPC）内基本的假设的认知。第 2.2.3 节解释了飞行员在事故着陆期间使用的自动刹车和反推。这些问题反映了飞行员的认识，也反映了西南航空公司与此着陆事故有关的决策和行动的指南与政策。这些问题将在本节和后续部分中讨论。

2.1　混合刹车效应报告的解释和使用

如前所述，涉事飞行员在离开巴尔的摩–华盛顿国际机场之前就知道芝加哥地区的恶劣天气，并在飞行期间获得了最新的天气信息。美国安全委员会对 CVR（舱音记录器）记录信息的审查表明，在 2 小时的飞行中，天气、着陆性能评估、着陆标准（包括自动刹车的使用）和合适的替代方案是机组人员谈话的主要内容。虽然 FAA 法规没有要求，但西南航空公司的政策要求该公司的飞行员在进近前使用最新的天气、飞机外形和跑道条件进行着陆距离计算。根据最新的 ATIS 关于中途国际机场的报告，事故飞行员评估并讨论了刹车状况和性能计算。虽然飞行员的计算表明了在正常和不良刹车条件下都有正的停止裕度（分别为 560 和 40 英尺），而且公司政策表明只要有正的停止裕度就可以着陆，但机组人员担心不良刹车影响会导致小的正值的停止裕度。CVR 和事故后采访的信息表明，飞行员也知道公司的政策，当报告刹车效应为差时最大风速 5 节顺风。更新的风信息提示出现了 8 节的降落顺风，飞行员口头上表示，如果整个跑道的刹车效果都很差，他们决定不着陆。

当飞机接近中途国际机场时，空中交通管制员向事故飞行员提供了31C跑道的混合刹车效应报告。这些报告表明，刹车对于跑道31C的前半段是好的或一般，在下半段是差的。（安全委员会指出，事故航班获准使用31C跑道，因为在事故发生当晚，进近能见度要求排除了使用所有中途国际机场跑道其他的可能性。）然而，中途国际机场管制员没有按照惯例遵循FAA的程序，机场没有要求管制员发布包含飞机类型的刹车效应报告；在这种情况下，报告是由几架已到达的737飞机的飞行员提供的。此外，管制员没有向事故飞行员提供一份由一架小型飞机的飞行员那里获得的报告，该报告指出该飞行员描述刹车效应很差。因此，安全委员会得出结论，中途国际机场ATCT管制员没有遵循FAA的指导，没有提供所有必需的刹车效应报告信息。

空中交通管制中心提供给事故飞行员的所有刹车效应报告是混合的，报告跑道的某些部分刹车效应不良。例如，在着陆前8到9分钟，飞行员收到了"好的……除了最后很差"的刹车效应报告，在着陆前3分钟收到了"前半部分好，后半部差"的刹车效应报告。西南航空公司政策要求飞行员在收到混合刹车效应报告时，必须遵守更关键的刹车效应评估。因此，由于报告了跑道部分的"差"刹车情况，并且西南航空公司政策表明，如果报告了最大5节顺风着陆情况，飞行员不应该在中途国际机场着陆。安全委员会的结论是，由于飞行员在评估着陆距离时没有使用更关键的刹车效应信息（差）（加上相关的顺风限制，这将要求他们备降），不符合西南航空公司的政策。

飞行员没有讨论对混合跑道状况报告的解释，尽管他们的行为和其他讨论表明，他们认为跑道状况更接近一般（fair），而不是差。他们在事故后的采访中表示（CVR证据表明），他们不知道西南航空公司关于混合刹车的效应报告指南要求。事故发生当天，之前的3架公司飞机（同一品牌、型号、政策、程序）着陆时，刹车效应报告上写着"poor"，风力条件也类似。根据这一点以及从事故后采访中获得的信息，似乎其他西南航空公司飞行员也不知道FOM（飞行运行手册）中混合的刹车效应报告指导，或没有遵守它。其他西南航空公司飞行员决定在这些条件下在中途国际机场着陆的事实可能影响了事故飞行员的着陆决定。如果其他西南航空公司机组人员在类似情况下着陆，事故飞行员不太可能在决定着陆时充分考虑是否违反了公司的运行指南。

西南航空公司关于如何提供刹车效应报告的指南包括了一个混合跑道状态报告的示例，表明在日常操作中混合跑道状态并非碰不到。然而，安全委员会对西南航空公司培训材料的审查显示，在培训期间，混合条件的主题没有例行介绍给飞行员，并且在 FOM（飞行运行手册）中没有关于刹车效应和跑道摩擦情况报告的内容，将跑道条件输入 OPC（运行性能计算），执行着陆的 OPC 程序，所有这些都明确了跑道状态情况。

安全委员会指出，在这次事故发生后，西南航空修改了其 FOM（飞行运行手册）中的措辞，以澄清其关于混合刹车效应报告的政策，并向其飞行员提供了针对刹车效应报告的额外培训，包括混合刹车效应下的应对策略条件。

2.2　机载性能计算机显示和其包含的基本假设

安全委员会评估了在西南航空公司 OPC（运行性能计算机）上向飞行员显示的信息的清楚程度，以及最终着陆距离评估所依据的基本假设（包括可靠的反推）。飞行员使用各种辅助工具来完成飞机性能的计算，包括性能图表。图表上的信息被设计成清晰且容易获得的；然而，飞行员必须查寻行和列并选择最适当的值，进行所需的调整，有时在列出的值之间作插入计算。西南航空公司为其飞行员提供了此类计算的 OPC。使用 OPC 或类似的电子计算设备而不是表格图表，可以减少飞行员的工作量，因为计算设备可以基于操作员的编程自动进行调整和插值。但是，如果飞行员不知道关键性能计算所依据的假设，从而误解了计算输出结果，那么使用电子计算设备就会导致决策失误。

例如，当事故飞行员接近中途国际机场时，他们使用 OPC 多次计算飞机的着陆距离，评估最新的天气条件和在正常和不良刹车效应条件下跑道 31C 的停止裕度。所有 OPC 计算的结果表明，他们可以在可用的跑道长度上降落和停止飞机。OPC 显示，正常的刹车效应在跑道末端前有大约 560 英尺的停止裕度，不良的刹车效应在跑道末端前有约 40 英尺的停止裕度。然而，证据表明，OPC 上显示的着陆距离可能误导了机组人员，因为飞行员不知道至少存在两个潜在的 OPC 假设，这两个假设都没有显示在 OPC 上。

OPC 对事故飞行员没有意识到的一个假设是，在跑道条件差时，在某些情况下 OPC 的停止裕度值计算基于比显示的顺风分量要小。通常，停止裕度输出对应于所呈现的顺风分量。然而，由于跑道条件差，顺风分量超过了 5 节的限制，但显示的停止裕度是基于顺风 5 节的限制，而不是由机组人员输入的实际的 8 节顺风分量。尽管在这些情况下，实际的顺风分量以红色背景的白色文本高亮显示，顺风分量限制以黑色背景的白色文本显示在显示器的底部，但没有足够信息表明停止裕度不是基于所提供的顺风分量。

对于此事故，尽管实际上显示器显示的是基于飞行员输入的风的 8 节顺风分量 OPC 计算的 40 英尺的停止裕度为差的跑道刹车效应，是基于公司编程的 5 节顺风分量限制。基于 5 节顺风限制的计算导致了更有利的显示停止裕度。如果 OPC 的计算是基于实际的 8 节顺风分量，停止裕度将是 −260 英尺（即表示预计飞机着陆后的停止在跑道末端之外 260 英尺的位置），表明不良刹车效应时没有足够的跑道可用以着陆。这个信息已经为飞行员提供了一个更保守和现实的预测的着陆性能结果。为了突出，西南航空公司的 OPC 使用替代图形和红色来显示负停止裕度值，并提醒飞行员在特定跑道降落不安全。CVR 和事故后访谈证据表明两名飞行员都对 OPC 显示的小的正停止裕度感到不舒服。如果在 OPC 显示器上显示并突出显示跑道后负的剩余跑道距离差值，在事发条件下，飞行员将被更充分地告知在中途国际机场的 31C 跑道降落所涉及的潜在风险。

涉事飞行员也不知道，由西南航空公司 OPC 计算的 737 的停止裕度，是针对 737-700 机型并使用了反推的条件下来计算的，这可以实现更充分的停止裕度。事故发生后对西南航空公司飞行员的采访表明，一些人（包括事故机组人员）认为 737 OPC 的着陆距离计算没有考虑到反推的使用。因为这一点，事故飞行员相信，他们在着陆滑跑期间使用的反推将为他们提供比 OPC 估计的数百英尺更多的停止裕度。

查阅西南航空公司关于 OPC 的指南和培训记录显示，有一篇关于 FRM 中对风的计算假设的论述。然而，在 FOM 中没有提供相关信息，在初始、复训或 OPC 相关的地面训练中也没有关于这个主题的幻灯片。这一审查还显示，尽管飞行员从用于获得 -700 机型资格的"差异"训练中学习了解了计算中已经假设 -700 型号使用反推的情况，来进行性能计算的内容，但西南航空公司的 FOM 指导中关于 OPC 使用反推的假设是不一致的，可能误导了飞行员。直到事故发生前一周，在 FOM 有三个位置中的两个位置的信息都是不正确的，这些错误信息说明反推不包括在着陆距离计算中。对西南航空飞行员的采访表明，他们并不是清楚一致地认识到这一点。

因此，美国安全委员会得出结论，如果飞行员了解与输入风相关的实际停止裕度，或者知道 OPC 为 737-700 计算的停止裕度已经默认为是在使用了反推，飞行员可能会选择备降。

安全委员会观察到的另一个与 OPC 程序有关的因素是，西南航空公司输入到 OPC 的飞机性能数据的程序计算结果，比波音推荐的刹车效应报告为"差"时导出的飞机性能数据更为乐观；这导致了更乐观的角度来显示停止裕度。假设计算执行使用的是波音公司推荐的数据计算方法，即按照使用降落在跑道 31C 并以实际顺风分量 8 节来计算，飞机在"正常"或"差"的刹车效应条件下将需要一个更长的着陆距离。安全委员会的结论是，如果在西南航空公司的 OPC 计算中使用了波音公司推荐的飞机性能数据计算方法，那么即使是在正常的刹车效应条件下，计算输出的负停止裕度将显示要求飞行员备降。

在这次事故之后，西南航空公司重新设计了其到达着陆距离性能计算，以反映双发反推假设的影响，也修改了 OPC 显示，以显示假设的反推水平。此外，西南航空公司还修改了 OPC 显示，以呈现与实际顺风分量计算的输出结果。当顺风分量超过了着陆限制（5 节为不良刹车效应，10 节为良好或正常刹车效应）将不显示数字停止裕度值。最后，西南航空公司修改了其 FOM 关于 OPC 反推假设有关的指导和政策，以确保与实际操作的一致性，并明确了所有 737 型号计算时使用了反推假设的情况。为了回应这次事故，FAA 向所有涡喷发动机运营人发布了 SAFO 06012，鼓励他们要求飞行员执行到达着陆距离评估，如果天气条件、跑道或飞机着陆外形以及放行计算方法发生了变化，并就这些评估和假设对飞行员进行培训。然而，安全委员会指出，运营商没有被强制要求遵守 FAA 这类指导材料，如这个 SAFO。

FAA 关于电子飞行性能计算的咨询通告建议计算输出是以一种易于理解和准确的方式进行显示，这种设备的用户应该知道飞行性能计算是建立在哪些假设基础上。这些假设对飞行员来说应该就像表格上列出的信息一样清楚明了。这种清晰性是至关重要的，因为飞机性能数据和相关的 OPC 假设在飞机制造商或运营商之间并不一致。在此次事故中，当 OPC 假设应用到计算性能数据时，西南航空公司 OPC 屏幕没有显示这些假设（例如使用反推的假设），虽然这一信息可以很容易地从表格图表显示中得到。因此，安全委员会得出结论，展示着陆距离计算的 OPC 假设是帮助飞行员决定着陆的关键。因此安全委员会认为，FAA 应要求所有 14 CFR 第 121 和 135 部的运营商，确保所有机载电子计算设备自动和清楚地显示关键性能计算假设。

安全委员会对事故飞行员在进近和降落过程中降落的决定和他们的操作进行了评估，评估结果认为，如果飞行员了解公司在多个领域的现有指南和政策，包括跑道刹车效应报告和 OPC 停止裕度计算的潜在假设的运行政策，他们会作出更明智的着陆决定。事故调查的证据表明，其他西南航空的飞行员同样不知道西南航空这些指南和政策。因此，安全委员会得出结论，西南航空公司没有为其飞行员提供关于公司政策和程序的明确和一致的指导和培训，包括刹车效应报告的解释和假设影响着陆距离评估。因此，安全委员会认为，FAA 应该要求所有 14 CFR 第 121 和 135 部的运营人为飞行员和签派员提供明确的关于这些地面状态条件和刹车效应报告及影响着陆距离/停止裕度计算的公司政策的指导和培训，内容包括飞机地面减速设备的使用、风条件和限制、空中距离和安全裕度。

2.3 反推使用和自动刹车

根据西南航空公司的程序，在所有的降落过程中，要求飞行员在前轮着地后尽快启动反推。西南航空公司指南特别强调，当刹车效应报告不太好时，应立即启动反推。涉事飞行员报告说，他们知道公司的反推政策，并按照政策执行；但是，在此事故着陆中，机长并没有在飞机着陆后立即启动反推。在事故发生后的采访中，机长表示，他在着陆后试图迅速启动反推，但没有成功。西南航空公司程序还要求监控飞行员在所有着陆期间注意程序执行偏差。副驾驶表示，当他意识到机长没有启动反推时，他移动了反推杆启动反推（根据 FDR 数据，在着陆后约 15 秒启动反推）。FDR 的数据显示，在着陆后 18 秒左右，反推最终完全打开，飞行员保持最大的反推，直到飞机在跑道尽头停了下来。

安全委员会对 4 架西南航空公司 737 飞机的 FDR 数据进行了审查，在事故发生前的 21 分钟内，这 4 架飞机在中途国际机场的 31C 跑道上着陆并停了下来。这些飞机的反推在着陆后迅速展开。事故后的计算表明，如果飞行员在整个着陆滑跑过程中及时启动并保持最大反推，飞机就不会跑出跑道的末端。因此，美国安全委员会得出结论说，如果飞行员在着陆后迅速启动最大反推，并保持最大反推到完全停止，他们本可以在跑道上让飞机停下来。

尽管机长报告在最初尝试使用反推时遇到了困难，但他们以协作的方式由副驾驶启动反推。机长的座位姿势和他平时的姿势一样，CVR 没有记录到任何表明飞行员在使用反推杆时遇到了困难的话语。此外，事故后对油门和反推系统的检查没有提供机械不可靠故障的证据；在着陆过程中，反推杆处于可以随时启动的位置。此外，事故后对西南航空其他飞行员的采访表明，大多数人在启动反推时没有遇到任何困难。据报道，西南航空公司飞行员描述的启动反推在第二次尝试后却立即得到了解决。最后，在事故发生前的 10 次飞行中，事故飞机的飞行员报告说："在启动该飞机的反推装置时没有遇到任何困难。"因此，安全委员会的结论是，飞行员延迟启动反推不能归因于机械或身体上的问题。

西南航空公司计划在事故发生一周后实施一项新政策，该政策将要求在某些条件下着陆时使用自动刹车。在准备过程中，西南航空为其飞行员提供了关于该系统和相关程序的自学培训模块。尽管完成了培训模块，但两名事故飞行员此前都没有使用自动刹车系统的操作经验。来自 CVR 的信息显示，尽管两名飞行员都表达了担忧，但尤其是机长，在事故当天天气和跑道条件下，他在首次使用自动刹车时犹豫不决。飞行员们讨论了可能的突发事件（例如，自动刹车失灵、失去方向控制、恢复手动刹车）。他们最终同意使用自动刹车可以让他们在最短的距离内停止，并在事故着陆时将自动刹车设置为最大。

在较短或较滑的跑道上降落时使用自动刹车，需要改变飞行员和监控飞行员的降落任务顺序。在西南航空公司新的自动刹车程序生效之前，该程序要求飞行员在着陆后尽快人工实施车轮刹车并同时启动反推。然而，由于使用了自动刹车，在着陆时只需要两个任务中的一个，现在已经不需要人工快速刹车了。研究表明，执行新程序比执行常规程序需要更多的努力和认知资源，并限制了可以同时执行的任务数量。由于飞行员对自动刹车系统的担忧，以及他们对该系统操作的不熟悉，在飞机着陆后，他们自然会关注自动刹车系统的性能。

在事故后的采访中，两名飞行员都表示，在事故发生时，他们的注意力都集中在自动刹车系统上。机长报告说，在第一次尝试失败后，他对自动刹车系统性能的关注分散了他再次启动反推的注意力。副驾驶还有一项额外的任务，即在着陆过程中监控前仪表板上的自动刹车灯，不过他报告说，他的注意力一直放在驾驶舱外，关注的是他们的停止性能。飞行员表示，随着着陆滑跑的继续，他们对飞机的减速不满意，而 FDR 数据显示，在着陆后约 12 秒，他们从自动刹车过渡到最大的手动车轮刹车。FDR 数据显示，在着陆后 15 秒反推启动，在着陆后 18 秒启动全部反推。

根据事故发生后对西南航空员工的采访，在该公司开发启用自动刹车程序期间，在西南航空的飞行员中也观察到类似的分心现象。西南航空公司检查了飞行员和他们的副驾驶在使用前报告的担忧和在着陆后从自动刹车过渡到手动刹车的困难；有些人操作时分心了，以至于推迟了反推的应用。飞行员还表示，这些挑战只在最初的几次着陆中持续存在，直到他们有机会适应新的程序。在事故发生时，西南航空公司计划实施其自动刹车程序不包括对自动刹车的使用熟悉期。然而，来自西南航空公司其他飞行员的反馈应该已经提醒了西南航空公司管理层和 FAA 主任监察员（POI），需要进行熟悉或过渡期。

美国安全委员会得出的结论是，飞行员在具有挑战性的着陆情况下首次使用飞机的自动刹车系统，导致他们无法集中精力完成这个原本是例行的任务，即在着陆后迅速启动反推。如果西南航空公司提前实施一个自动刹车熟悉期，这样的一段时间将允许飞行员适应改变的着陆任务顺序。安全委员会进一步得出结论，执行程序要求在着陆后立即确认反推状态，可以防止飞行员在着陆后无意中未能启动反推。因此，安全委员会认为，FAA 应该要求所有持 121 部和 135 部运行的安装了反推装置的飞机的运营人加入一个程序，要求非操作飞机的（监控）飞行员在着陆后立即检查和确认反推装置状态。

美国安全委员会指出，这一事故背景是：西南航空公司修改了其自动刹车政策和程序，由于该公司只有一个型号的飞机（波音 737）在运营，因此该公司计划在整个公司机队实施新修订的自动刹车政策和程序。事故发生后，该公司主动修改了其自动刹车政策和培训计划，推迟了实施日期，并要求一段熟悉期，这使得西南航空的飞行员在良好的状态下首次使用自动刹车，并有很大的停止裕度。此外，西南航空公司还向飞行员提供了具体的指示，要求监控飞行员在着陆过程中监控反推杆，在发现有偏离西南航空公司反推程序情况时采取具体的调整行动。

3. 着陆距离评估

联邦法规要求飞行前的着陆距离计算（评估），而不是到达着陆距离计算（评估）。本节讨论飞行前和到达着陆距离计算之间的差异，并评估两者的需要。本节还讨论了 FAA 中提出的 OpSpec（运行规范）、最近的 SAFO（安全通告）和观察到的实际着陆距离实践中的相关内容。

3.1　飞行前和抵达后着陆距离计算/评估

FAA 要求 121 部的运营人在起飞前执行飞行前着陆距离计算，同时确定飞机可以起飞、到达目的地并安全降落在目的地和/或备用机场，以及可用着陆距离上的最大重量。虽然飞行前着陆距离评估是由联邦法规规定的，评估并没有纳入飞机在到达机场时的实际着陆条件、构型和飞行员技术。飞机性能计算依据的制造商的飞行测试数据主要是在干燥、平滑、硬跑道上演示，测试没考虑反推的影响。为了考虑着陆条件、飞行员技术和其他运行不确定性的变化，FAA 要求运行人员在飞行前着陆距离评估中考虑足够的超出测试着陆距离的裕度。美国安全委员会审查了西南航空公司事故航班的放行文件，表明根据飞行前的计算，即飞机从巴尔的摩-华盛顿国际机场出发，打算在中途国际机场的降落是合规的。到达着陆距离评估帮助飞行员确保他们能够在到达天气和跑道道面状态以及计划的飞机构型、着陆技术和减速设备的使用下，降落飞机并安全停在预定的跑道内。与飞行前着陆距离计算一样，到达着陆距离计算/评估程序通常是由运营商或承包商根据制造商提供的数据开发的。然而，与飞行前的数据不同，运营商在到达着陆距离评估中使用的数据不需要 FAA 特定的批准，因为这些评估不是必需的。

虽然 FAA 不要求运行人员执行着陆距离评估，但许多 121 部的运营人（包括西南航空公司）在每次着陆前都要求他们的飞行员执行着陆距离评估。然而，考虑到飞行流程中已经设置飞行前评估，FAA 当时并没有对着陆前的着陆评估工作提出标准化的管理要求，而是允许运营人使用来自各种来源的数据（例如，制造商、内部人员、外部承包商等），并制定自己的着陆评估政策。根据来源的不同，运营人使用的数据可能没有制造商的数据那么保守，可能包含与着陆和减速技术或与给定的跑道表面状况报告，或刹车能力相关的内在假设。这些假设影响着额外安全裕度的大小。如果飞行员没有意识到这些内在假设，可能会造成他们认为的所需着陆距离比实际飞机所需的着陆距离要小，或者对着陆时需要多少刹车没有准确的了解。不同运营人的运行政策有所不同：有的运营人政策没有明确飞行员需要进行着陆评估；有的运营人允许飞行员根据不同的着陆性能数据源、假设条件、计算方法进行着陆距离评估；有的运营人允许飞行员可以按照不含额外安全裕度的数据计算方法进行着陆距离评估。

西南航空公司要求其飞行员对每次着陆进行到达着陆距离评估并开发了一个系统，主要基于波音公司的性能数据，并考虑了实际情况和计划的程序/技术。然而，FAA 人员没有批准西南航空公司开发的数据或计算方法。最终的系统使用的数据比波音推荐的刹车报告更差。尽管西南航空公司和 FAA 人员都知道实际到达条件不能完美定义，计划的程序不能总是完成，由此产生的变化并不总是产生保守的安全裕度，但编写到西南航空公司 OPC 的数据没有考虑到合理的运行变化。这个尤其令人关注，因为即使是存在最小的正停止计算裕度，在此次事故发生前西南航空公司在事故发生时的政策及其新的自动刹车政策也允许着陆。

安全委员会指出，尽管FAA没有要求，但西南航空公司的到达着陆距离评估实践水平也超过了许多其他运营商。美国安全委员会指出，单是飞行前的安全裕度可能不足以确保足够的着陆裕度。这一调查表明，一个到达着陆距离评估应该包括下面的六大组成部分：

（1）从演示飞行的测试着陆中获得的批准的气动性能数据；

（2）一组定义的运行程序和假设（例如，在1500英尺着陆，着陆后迅速反推启动等）；

（3）实际到达状况数据（天气，飞机构型，跑道表面状况等）；

（4）基于物理的方法计算飞机性能；

（5）将飞机的刹车能力与跑道表面状况相关联的最低可接受标准；

（6）合理运行变化和最小可接受的不确定性的安全裕度/因素。

在事故发生时，西南航空公司已经将前四个组成部分纳入它们的到达着陆距离评估，并规定了第五个组成部分。事故后，西南航空公司通过增加额外的15%安全裕度纳入了第六个组成部分，以考虑运行变化和到达着陆距离评估的不确定性因素。

3.2 关于着陆距离评估的对运营人探讨和行业实践的安全警告

如前所述，尽管FAA记录上主张着陆距离评估，但目前没有要求，也没有FAA批准的数据、最低相关标准，或最低安全裕度。因此，运营商仍然可以自由选择是否以及如何进行此类评估。由于西南航空1248航班事故，安全委员会发布紧急安全建议A-06-16，要求FAA禁止所有按照美国联邦航空规章121部运行的运营人在着陆性能计算中依赖反推效果。声明这一建议的目的是确保在受污染的跑道上有足够的着陆安全裕度。作为回应，在2006年6月FAA发布了一个预先通知，意图发布强制性OpSpec N8400 C082。要求所有第121、135和91部K分部涡轮喷气发动机的操作人员在每次到达前进行着陆性能评估（不需要一个具体的计算），部分地考虑计划的接地点、至少与制造商一样保守的程序和数据、更新的风和跑道条件，以及额外的15%的安全限度。然而，FAA随后决定在当时不发布强制性OpSpec，并在2006年8月发布了SAFO 06012作为临时指导措施。SAFO 06012解决了与强制性OpSpec类似的问题，但运营商对SAFO的遵守，从原则上讲是自愿的。虽然FAA发布了SAFO 06012企图制定在着陆距离评估领域的规则，在此期间，运营商仍然没有被要求强制遵守其建议，目前，许多运营商不遵守。

例如，2007年2月18日，穿梭美国航空公司的一架巴西航空工业ERJ-

170 飞机在克利夫兰霍普金斯国际机场被雪污染的 28 号跑道末端发生事故。迄今为止的调查显示，穿梭美国航空公司没有要求其飞行员执行（因此没有将着陆距离安全裕度纳入）着陆距离评估。大约 2 个月后，一架尖峰航空公司庞巴迪支线飞机 CL600-2B19 在密歇根州特拉弗斯城樱桃首都机场冲出了积雪覆盖的 28 号跑道的末端。相比之下，对这次事故的调查显示尖峰航空的 OpSpecs 要求其飞行员按照 SAFO 06012 执行着陆距离评估（包括最低 15% 的安全裕度）；然而，飞行员在着陆前没有执行所需的评估。如果进行了到达着陆距离评估，考虑到当时的状况，尖峰航空的 OpSpecs 将会要求航班备降。

安全委员会担心，由于运行和环境上的变化，飞机可能会需要比起飞前计算的（放行）更多的着陆跑道，飞行员可能会继续冲出受污染的跑道。在 2007 年 1 月的一次会议上，安全委员会、FAA、波音公司、西南航空公司和西南航空公司飞行员协会（PA）的人员讨论了着陆距离评估和跑道表面状况问题。波音公司随后的一份文件建议，运营商为其机组人员开发到达降落距离评估程序，以更好地确保在到达时（天气和跑道）的现有条件下，在着陆跑道上进行完全停止降落，并使用与 SAFO 06012 一致的减速手段和飞机构型。1248 航班事故的情况表明，在放行和到达之间，条件可以改变，在这两个时间点评估着陆距离都有安全效益。

安全委员会注意到，FAA 在 SAFO 06012 中得出结论，运营商仅仅遵守飞行前着陆距离计划要求"不能确保飞机在到达时的实际条件下可以在跑道上安全着陆，特别是如果跑道表面条件、气象条件、飞机构型、飞机重量，或者飞机地面减速装置的使用不同于飞行前的计算"。此外，FAA 表示，"着陆距离评估应根据到达时实际的条件进行，以支持确定是否存在可能影响飞行安全的条件，以及是否应限制或暂停操作"。

3.3　着陆距离评估总结

现有的美国联邦航空法规既没有规定应执行的着陆距离评估的类型，也没有规定应适用的安全裕度。SAFO 0612 指出，FAA 对到达着陆距离的计算要预留 15% 的安全裕度的要求是来源于 FAA 针对"湿"或"湿滑"跑道运行提出了在飞行前放行时要增加额外 15% 的安全裕度的要求，也来源于欧洲航空安全局和日本航空管理局对在污染跑道着陆性能计算时要增加 15% 安全裕度的要求。虽然在公开听证会作证，FAA 表示，15% 的着陆安全裕度没有得到具体数据收集和评估工作的证实，安全委员会相信，定义着陆安全裕度对于受污染跑道上的航空运营是必要的。当 FAA 提出 OpSpec N8400

C082 时，委员会表示积极支持。它要求运输类飞机的运营商在计算到达着陆距离时纳入 15% 的安全裕度。将 15% 的安全裕度明确在 FAA 运行规范 OpSpec N8400 C082 上满足了安全建议 A-06-16 的意图。然而，FAA 随后寻求运营商自愿通过 SAFO 06012 实施此类行动；虽然 SAFO 06012 包含类似 OpSpec N8400 C082 的信息，但 FAA 不要求强制遵守 SAFO。

由于 FAA 没有要求采取行动来解决委员会的紧急安全建议，运输类飞机的机组人员仍然可以在潮湿、湿滑或受污染的跑道条件下降落，而无须执行包含足够安全裕度的着陆距离评估。随着另一个冬季季节的临近，对这种裕度的迫切需求变得更加重要。安全委员会的结论是，由于在飞行过程中着陆条件可能会发生变化，单靠飞行前着陆评估可能不足以确保到达时间的安全停止裕度；到达着陆距离评估将为飞行员提供关于到达条件下着陆安全的更准确信息。此外，安全委员会得出结论，虽然包含着陆距离安全裕度的着陆距离评估不是规定所要求的，但它们对运输类飞机在受污染的跑道上安全运行至关重要。因此，安全委员会认为，FAA 应要求所有 14 CFR 第 121、135 和 91 部 K 分部运行人员在每次着陆前按照标准化的方法，包含使用批准的性能数据、实际到达条件、把飞机的刹车能力和跑道表面状态联系起来的方法、使用可行的最保守的理解，也包括最小 15% 安全裕度完成着陆距离评估。委员会认识到，制定这种标准化方法需要时间。因此，安全委员会进一步认为，在之前建议中描述的标准化方法能够开发出来之前，FAA 应该立即要求所有 14 CFR 第 121、135 和 91 部的 K 分部运行人员在每次着陆之前，应根据现有的性能数据、实际情况，并纳入最小 15% 的安全裕度进行着陆距离评估。由于本建议和安全建议 A-06-16 的目标是相同的，安全委员会将 A-06-16 归类为"关闭——不可接受的行为/被取代"。由于 FAA 有足够的时间要求着陆距离评估和实施着陆距离安全裕度，但目前还没有，A-06-16 在 2007 年 5 月 8 日被列为"开放——不可接受的响应"。取而代之的安全建议将保持"开放——不可接受的响应"状态。

4. 跑道表面状况评估

安全委员会长期以来一直关注跑道表面状况评估问题。在这次调查中，安全委员会重新评估了三种方法，目前用于评估着陆前的跑道表面状况：（1）飞行员刹车效应报告；（2）跑道污染物类型和厚度观察；（3）地面车辆摩擦测量。委员会注意到，所有这三种方法都有局限性，而且无论使用何种方法，因为降水、累积量、交通、阳光直射、温度的变化，或跑道维护/

处理的结果，跑道表面状态可能会随着时间的推移而变化。委员会进一步注意到，没有标准化和普遍接受的相关性来定义跑道表面状态（使用三种跑道表面评估方法中的任何一种）与飞机刹车能力之间的关系。

本节讨论跑道表面状况评估的每种方法的准确性和局限性。飞行员刹车效应报告、污染物类型和厚度报告，以及机场跑道表面摩擦测量设备分别在4.1、4.2和4.3节中讨论。跑道表面状况评估在4.4节中总结，跑道表面状况与飞机着陆相关性能/刹车能力在4.5节中讨论。

4.1 刹车效应报告

飞行员刹车效应报告是处在到达状态的飞行员常用的预测着陆跑道状况的报告。然而，安全委员会安全建议、公开听证会证词和1248航班事故证据表明，飞行员刹车效应报告是主观的，不同飞行员的经验水平和使用的飞机型号会有显著差异。

FAA承认（最近的在SAFO 06012中）飞行员刹车效应报告是主观的，反映了个体飞行员的期望、认知和经验。此外，刹车效应报告受飞机型号和实际用于减速或停止飞机的减速方法的敏感影响。此外，一名到达的飞行员可能必须解释混合的飞行员刹车效应报告（例如，着陆跑道上的刹车效应报告一般到差）或冲突的跑道状况报告（例如，飞行员刹车效应报告与跑道摩擦测量报告相互不一致）。SAFO 0612指出，FAA应重视刹车效应报告的有效性，并建议被评估的航班应尽量使用与该航班所用飞机具备类似着陆性能的飞机的刹车效应报告。FAA在SAFO中建议飞行员应该使用所有可用的信息，并根据经验和可靠的判断作出决定；然而，FAA尚未提供标准化程序或具体的标准，供飞行员在形成和提交刹车效应报告时使用。自从这次事故以来，FAA主办了一个行业研讨会，试图解决这个问题。2006年中期的一个行业工作组制定了关于跑道表面状况评估的指南，该指南已在2007年8月的公告中分发给波音涡喷发动机飞机的所有运营商。西南航空公司正在将工作小组指南纳入其材料和培训，并计划于2007年10月再发布相关修订。

4.2 污染物类型和厚度

跑道上污染物类型和厚度的现场报告或观察通常由机场人员进行，也可用于评估跑道表面状况。然而，这些观察也可能是主观的，取决于观察者的经验和优势、观察的时间，以及迅速变化的条件。FAA还没有建立和定义一个在飞机的刹车能力与污染物类型和厚度报告之间相关性的标准。然而，安全委员会指出，全球许多飞机制造商（例如，空客和巴西航空工业公司）为其运营商提供污染物类型和厚度选项以计算降落距离。此外，欧洲机构（EASA 和 JAA）要求运营商考虑受污染的跑道状态，并定义一个最低可接受标准，制造商可以使用该标准将污染物类型和厚度与飞机着陆性能关联起来。在实践中（如 SAFO 06012 所述），FAA 认为为显示符合 EASA 和 JAA 污染跑道认证或运行要求而开发的数据可以满足美国到达着陆距离评估的要求。

4.3　机场跑道表面摩擦测量设备

跑道摩擦测量设备最初是为机场跑道维护目的而开发的，并不打算用于评估飞机着陆性能。虽然 FAA 资助机场购买了这些设备，相信这些测量在确定跑道表面状况的趋势时是有用的，但 FAA 代表已经表示，这些设备不能可靠地与飞机性能或飞行员刹车效应报告相关。具体来说，FAA 的声明和在安全委员会公开听证会上的证词表明，地面车辆摩擦测量不应用于预测飞机停止性能，部分原因是：（1）未解决的设备设计和校准的可变性；（2）温度、日照、降水积累和运营流量随时间的变化；（3）跑道维护和/或处理的结果。

中途国际机场摩擦读数比可用的刹车效应报告和事故后计算的跑道 31C 表面状况更不保守。事故降落前 30 分钟（在最近的跑道清扫后立即实施）中途国际机场跑道 31C 的摩擦测量值为 0.67，加拿大交通部公开听证会证人将其与预期的"干净和干燥"的跑道表面状况性能联系起来。据美国宇航局的一名公开听证会证人说，事故发生后的测量结果是 0.40，这被认为是相当不错的。根据 CRFI 对各种跑道表面状态的数据，两个测量值（0.67 和 0.40）都在正常值范围内，跑道上的松雪小于或等于 3 毫米。该表面状况的测量范围为 0.16 到 0.76。对于单一污染物的广泛测量范围表明这一类型的跑道摩擦测量设备不能可靠地用于预测飞机在这些污染物条件下的停止性能（3 毫米或更少的松散雪）。

美国安全委员会此前曾发布安全建议，支持将摩擦测量设备读数与飞机性能关联起来的努力。波音并没有试图将跑道摩擦测量与飞机性能关联起来，然而，许多运营商（包括西南航空公司）已经开发了将摩擦测量与刹车效应报告关联起来的表格。在国际上，加拿大交通部提供 CRFI 表，将地面车辆摩擦测量值与飞机在某些污染条件下的性能相关联，然而，CRFI 的使用是可选的。加拿大学术界和国际研究界成员也支持使用 IRFI，但这并未完全运行或受到航空工业广泛支持。无论 CRFI 还是 IRFI，跑道摩擦测量都受污染物类型和厚度的限制。

4.4 跑道表面状况评估总结

安全委员会得出关于刹车效应和污染物类型的指导意见和厚度报告将帮助飞行员、空中交通管制、放行人员和机场运营人员最大限度地减少此类报告的主观性和标准化缺点。此外，安全委员会得出结论，使用最保守的解释跑道刹车效应或从混合或冲突的（例如，一个一般到差的刹车效应报告或飞行员刹车效应报告，与跑道摩擦测量冲突）道面状况报告将增加着陆安全裕度。因此，安全委员会认为，FAA 应该制定并发布关于用于跑道表面状况报告的开发、发布和解释标准的正式指南。

4.5 跑道表面状况与飞机着陆性能关系

安全委员会担心，FAA 目前没有提供给美国运营商使用关联跑道表面状况报告与飞机刹车能力的最低限度可接受的标准。尽管 1989 年 8 月的一份 AC 草案提出了在跑道状况（刹车效应）和飞机刹车能力之间的相关性，但 FAA 从未公布它。FAA 在 2006 年发布的 SAFO 06012 还主张使用报告的刹车效应与跑道污染物类型和厚度之间的特定相关性来预测涡喷发动机的着陆/停止性能，但只有在制造商提供的湿或污染跑道数据不可用的情况下。

运行人员需要将三种跑道表面状况报告和飞机刹车能力中的任何一种联系起来以确定飞机的着陆性能。然而，因为 FAA 没有定义可接受的相关标准，制造商、运营商和/或第三方供应商开发自己的标准来满足他们的需求。这种做法导致了对飞机实际着陆性能能力和不同着陆安全裕度的不同估计，甚至在相同的制造厂商和飞机型号的运营人员之间也不相同。安全委员会注意到，在类似的实际条件下，类似的飞机机组人员准备在类似的跑道上降落，不应该仅基于运营商如何选择如何关联跑道表面条件报告与飞机的刹车能力而得到允许一套机组人员降落，而另一套机组人员不能降落的结果。

此外，所需的到达着陆距离评估应包括额外的安全裕度，以考虑实际着陆条件的变化和操作技术。目前，由于缺乏制造商提供的标准和运营商打包的着陆数据，使得飞机基本着陆性能和足够的安全裕度的验证复杂化。美国安全委员会对这起事故的调查显示，两家航空公司的到达着陆距离执行错误导致了潜在的安全风险。安全委员会的结论是，当考虑到达着陆距离评估时，足够的安全裕度将考虑到运行的变化和不确定性。此外，安全委员会得出结论，建立一种将飞机的刹车能力与跑道表面条件相关联的方法，将提供更准确的评估飞机的基本着陆性能能力。因此，安全委员会认为，FAA 应该为 14 CFR 第 121 部和 135 部运行人员建立一个最低标准，用于在跑道表面条件比一般和干燥更差状态下的运行决策，标准可以关联飞机的刹车能力、刹车效应报告与跑道污染物类型和厚度报告。

5. 基于飞机的摩擦测量

这次事故的情况表明，需要以更有意义的方式量化跑道表面条件的方法，以支持飞机着陆性能计算。基于飞机记录的数据来分析飞机在事故后的实际着陆性能的安全委员会和行业实践表明，跑道表面状态和刹车有效性信息可以从记录的数据中提取。这些实践表明，如果必要的参数被记录，在较低的滑跑速度时实施具体的计算和运行程序（例如，低于60节实施几秒钟机轮刹车）可以用来量化跑道表面条件和估计飞机的潜在刹车能力。因此，一种着陆飞机的刹车系数/跑道表面状况数据可以用于估计另一种着陆飞机的刹车能力和着陆距离。

在2007年1月的事故后会议上，波音、FAA、西南航空公司和西南航空公司飞行员协会人员一致认为，这种获取跑道表面状况和刹车有效性数据的方法具有技术价值。然而到目前为止，技术和操作可行性与基于飞机的摩擦测量系统相关的问题还没有在试验台或现役飞机上进行评估。安装在现役飞机上的测量系统可以提供跑道表面状况数据，这将超过目前使用的方法产生的信息（包括地面摩擦测量，飞行员刹车效应报告，类型和厚度报告），而不会影响交通流量。这样的系统可以提供无与伦比的跑道表面条件量化和趋势信息，直接给飞行员、空中交通管制和机场维护使用。安全委员会的结论是，开发和实施操作上可行的、基于飞机的飞机刹车能力/跑道表面状况测量和通信系统将为后续着陆的飞机提供高价值的信息；在恶劣天气下，该系统所带来的好处可能会达到或超过所有现有的跑道表面状况报告系统，而不会因此影响交通运作。因此，美国安全委员会认为FAA应该证明为运输类飞机配备设备和程序的技术和操作可行性，这些设备和程序需要例行计算、记录，并传达飞机所需的和/或在着陆滑跑期间减慢或停止飞机的刹车能力。如果可行的话，FAA还应该要求运输类飞机的运营商将这种设备和相关程序的使用纳入他们的操作。

6. 跑道端安全区域

安全委员会对这起事故的调查显示，FAA和中途国际机场人员在事故发生前大约5年一直在讨论改进中途国际机场跑道的末端安全区域（RSA），然而，在事故发生时，并没有作出这样的改进。FAA和中途国际机场人员之间的交流表明，获取土地来开发标准尺寸的 RSAs（将超出中途国际机场跑道末端 1000 英尺）的选项被确定为不可取的和经济上不可行的。此外，重新调整可用机场的跑道是不可能的，考虑到在中途国际机场运行的飞机的操作要求，缩短跑道以改善 RSAs 是不现实的。

中途国际机场委托的一项实用性研究的结论是，中途国际机场跑道末端的标准 EMAS 安装空间不足。该研究没有解决非标准的 EMAS 安装，并且在大多数 FAA 与中途国际机场沟通中，FAA 没有提及在中途国际机场跑道的末端安装非标准的 EMAS。然而，尽管 FAA 在 2005 年之前没有关于非标准 EMAS 安装的官方指导，但机构人员知道这种安装的可行性，并在事故发生时批准了其他几个机场的非标准 EMAS 安装。委员会的事故后计算表明，即使在中途国际机场 31C 跑道末端安装了非标准的 EMAS 装置，也会在事故飞机离开机场之前阻止它，因此可以防止与汽车的碰撞。

因此，安全委员会的结论是，在 31C 跑道有限的超限区域内，没有安装 EMAS 导致了严重的事故，即使是非标准的 EMAS 装置也能在飞机离开机场前安全停止飞行。事故发生后，FAA 批准在中途国际机场跑道的 31C、13C、4R 和 22L 末端安装非标准的 EMAS。到 2006 年 12 月初，第一部分（170 英尺长，170 英尺宽）的 EMAS 床已经安装在 31C 跑道的出发端上，另外一个 40 英尺长的部分正在计划中。机场和城市官员表示，在受影响的中途国际机场跑道末端安装 EMAS 床将在 2007 年冬天完成，等待在 13C、4R 和 22L 跑道末端的定位天线的搬迁。

四、安全建议

由于此次调查的结果，美国国家运输安全委员会（NTSB）向 FAA 提出了以下建议：立即要求所有按照美国联邦法规第 121、135 部和 91K 部运行的运营人在每次着陆前根据现有的性能数据、实际状态进行着陆距离评估，加入最小 15% 的安全裕度（A-07-57）。

要求所有美国联邦法规第 14 条 121 部和 135 部运行人员，以确保他们使用的所有机上电子计算设备自动和清楚地显示关键性能计算依据的假设（A-07-58）。

要求按照美国联邦法规第 14 条 121 部和第 135 部运行的运营人就其公司关于地面状况和刹车效应报告的政策和影响着陆距离/停止裕度计算的假设的内容向飞行员和放行员提供明确的指导和培训，包括飞机地面减速装置的使用、风条件和限制、空中距离和安全裕度（A-07-59）。

要求所有按照美国联邦法规 121 部和 135 部运行的运营人在其具有反推装备的飞机运行中加入一个要求不把杆（监控）飞行员在着陆后立即检查和确认反推状态的程序（A-07-60）。

要求所有按照美国联邦法规第 14 条 121 部和 135 部、91K 分部运行的运营人在每次着陆前完成着陆距离评估，评估应基于一种标准化方法，根据批准的性能数据、实际到达条件、一种将飞机的刹车能力与跑道表面状况相关联的方法，使用最保守的可用方法，包括最小 15% 的安全裕度（A-07-61）。

制定并发布用于道面状况形成、提交和解释的标准和正式指南（A-07-62）。

为美国联邦法规第 14 条 121 部和 135 部运营人建立一个当跑道表面状况比一般和干燥更差情况时，可以用于将飞机的刹车能力和刹车效应报告与跑道污染物类型和厚度报告相关联的最低标准（A-07-63）。

研究满足进行日常计算、记录和传送飞机刹车能力模式的装置，为了解掌握着陆滑跑期间减慢或停止飞机可用的刹车能力所需信息，研究该类设备和程序的技术和操作的可行性。如果可行，要求运输类飞机的运营商将这种设备和相关程序的使用纳入他们的操作（A-07-64）。

案例二 2013 年法国里昂机场 A321 飞机着陆冲出跑道事故

一、事故概述

2013 年 3 月 29 日 19 时 45 分，赫尔墨斯航空公司（Hermes Airlines）一架空客 A321 飞机执行塞内加尔达喀尔机场到法国里昂圣埃克苏佩里机场的国际不定期客运航班。在法国里昂圣埃克苏佩里机场，机组在 36R 跑道进行 I 类（CAT I）盲降进近，当时由于不良的气象条件，机场正在运行低能见度程序（LVP）。在通过离地高 1000 英尺时（这个高度飞机需要达到稳定进近的状态），飞机的速度高于进近速度 57 节。在离地 140 英尺时，自动推力系统不适当地增加了发动机推力，使得飞机保持高速飞行。之后，拉平时间很长，飞机越过 36R 跑道入口，平飘了 1600 米才接地。最后飞机冲出跑道另一头大约 300 米后停了下来。

二、事故经过

事故发生当天，一架空客 A321 飞机（注册号 SX-BHS）执行非定期载客航班从法国里昂机场飞往塞内加尔达喀尔机场。飞机于 6 时 44 分从里昂起飞，12 点 03 分降落在达喀尔机场。机长是第一个航段的 PF（把杆飞行员）。在达喀尔因为餐食问题使航班延误了大约 30 分钟。最后返回里昂因为重量比计划的重量要大，这迫使机组在阿加迪尔（摩洛哥）进行技术经停。

飞机于 13 时 44 分从达喀尔机场起飞，16 时 13 分降落在阿加迪尔。副驾驶是第二个航段的把杆飞行员（PF），在阿加迪尔补加了 8.6 吨燃油。

飞机于 17 时 02 分从阿加迪尔起飞飞往里昂，副驾驶是把杆飞行员（PF）。飞行开始是正常的，大约在 19 时 19 分，飞机开始向 FL280 下降，自动驾驶仪（AP）2、飞行指引（FD）和自动推力（A/THR）处于接通状态，机组开始做里昂 36R 跑道的进近准备。把杆飞行员（PF）收听了 19 时 12 分录制的机场通播（ATIS）广播，通播代码为 A，其中提供了以下具体信息：进近使用 ILS 36R，着陆跑道 36R，跑道道面是湿的。注意 1500 英尺报告风向风速 180°15 节，地面风 140°3 节，能见度 400 米，RVR 在 2000 米以上，天气现象为小雨及雾，SCT2000 修正 200，BKN1800，BKN 6600，温度+8℃，露点+8℃，QNH 1004。

在 19 时 20 分至 19 时 28 分之间，机组进行了进近简令。把杆飞行员（PF）提到了 400 米的能见度，跑道延伸中心线上的跑道视程（RVR）两公里，1800 英尺高度也有雾的出现。PF 报告了 FL180 风向风速为 150°18 节。考虑到能见度较低，副驾驶对能否进行Ⅰ类盲降进近表示怀疑。监控飞行员（PM）回答说只需要考虑 RVR 就行。

机组对使用 MEZIN 1D 标准进场与之后进行 36R 跑道 CAT Ⅰ盲降进近进行了简令。PF 没有说明他要使用 Y 程序还是 Z 程序进近到 36R 跑道，但是提到了一个高度 4000 英尺［RWY36R ILS-Y 程序最后进近点（FAP）距离跑道入口 10 海里，高度 4000 ftAGL（离地高）；RWY36R ILS-Z 程序最后进近点距离跑道入口 6.9 海里，高度 3000 ftAGL］。机组说在导航系统（FMS）中他们输入决断高度为 1021 英尺（200 ftAGL），使用全着陆形态，自动刹车待命 LOW，着陆重量为 72 吨，进近速度（V_{app}）为 141 节。

19 时 29 分，在获得马赛航路管制许可后，机组开始向 FL140 下降。在自动驾驶仪上使用"OPEN DES（开放下降）"模式。当时飞机选择速度

280 节。几分钟后把杆飞行员（PF）选择速度 250 节指示空速（CAS）。

19 时 35 分，在里昂进近频率上，机组报告飞机正向 FL140 下降，通播代码为 A。管制员给予他们下降到 FL100 的下降许可，并通知他们将雷达引导到 RWY36RILS 五边，同时还告诉他们当前通播代码使用 B，他补充说由于云层的存在，低能见度程序（LVP）正在运行。

19 时 36 分，机组收听了 ATIS 通播信息。这是 19 时 35 分录制的通播C，它提供了以下具体信息：使用 ILS 进近 36R，着陆使用跑道 36R，跑道是湿的。注意，在 1500 英尺被报告偏南风 15 节，低能见程序（LVP）实施中，风向风速 140°4 节，能见度 1100 米，小雨薄雾，BKN100，BKN6600，温度 8℃，露点 8℃，QNH 1004。

监控飞行员（PM）想知道能见度有 1100 米的情况下是否应该实施低能见程序（LVP）："为什么我们要实施低能见程序？在 1100 米的情况下。所以……我们不能去那里。"

19 时 37 分 48 秒，PM 说："我们要下降到仪表着陆系统航道上，所以我们得尽快地下降。"PF 回答说这正是他在做的事情。

19 时 38 分 02 秒，机组联系里昂雷达，雷达管制员给了他们一个航向以切入跑道 36R 航向道。PM 说："切入航向道，4000 英尺，检查，我们应该做好准备。"

19 时 38 分 44 秒，PM 请求左转航向 10° 来避开一块云。管制员给了偏离许可和下降到 5000 英尺，QNH 1004。PM 正确地复诵了 QNH 值。

12 时 39 分 12 秒，里昂雷达管制员向机组告知正在运行低能见程序，飞机会在 100 英尺高度出云，跑道视程（RVR）大于 2000 米。

19 时 39 分 29 秒，PM 向 PF 报出 QNH 值为 1014。机组选择了这个气压基准设置然后完成了进近检查单。❶

19 时 39 分 36 秒，管制员用法语告诉法航机组（是前机，机型为A319）他在雷达上观察到他们进近速度有点快，然后询问他们是否要终止进近。法航机组告诉他，他们已经把起落架放下了，他们计划着陆。

19 时 40 分 09 秒，飞机在 QNH 高度 8500 英尺以 230 节（CAS）飞行。PM 问里昂雷达管制员他们是否要保持当前航向建立航向道。管制员回答："可以，减速至 220 节"，并补充说，"下降至 4000 英尺，可以盲降进近

---

❶ 由于气压基准设置错误的 QNH 1014 而不是正确的 QNH 1004，高度表显示的高度高于实际高度 300 英尺。在后面文章中，所示高度为气压基准 QNH 1004 的高度。

36R，保持 4000 英尺建立下滑道"。PM 回答说："好的，4000 英尺，可以盲降进近建立下滑道。"

19 时 40 分 35 秒，AP1 被接通。

19 时 40 分 59 秒，PF 激活进近阶段（空客 319 机型的一种自动减速模式）。PM 提示他注意实际上他可以使用襟翼。

19 时 41 分 08 秒，PM 选择形态 1（空客 319 机型襟缝翼构型的一种）。飞机以 220 节的速度穿过 QNH 7570 英尺。PM 向 PF 指出此时下降率的增加。

19 时 41 分 18 秒，PF 建议减速。PM 回答是否定的，说他们需要大下降率。他补充说："现在你可以使用减速板了。因为现在使用了襟翼，下滑道跑下面去了。"

19 时 42 分 27 秒，距离跑道入口 12.5 海里，飞机在 QNH 5500 英尺高度以 217 节速度切入航向道。里昂管制员允许机组继续下降到 QNH 3000 英尺的高度，并要求他们截获下滑道报告。PF 选择 QNH 3000 英尺高度。距跑道 36R 入口 10 海里，飞机表速 222 节，地速 251 节。

19 时 42 分 43 秒，PM 告诉 PF 下降率合适，如果一旦建立下滑道他就将减速。此时飞机下降率约为 2000 英尺/分钟，速度为 218 节。

19 时 43 分 02 秒，PM 要求 PF 保持减速板伸展来试图减速。PF 选择速度 207 节，几秒钟后又选择了 205 节的速度。他告诉 PM 他选择了 205 节。

19 时 43 分 16 秒，在距离跑道入口约 9 海里处，飞机在 QNH 3820 英尺的高度以 217 节的速度切入下滑道，下降率约 1500 英尺/分钟。

19 时 43 分 37 秒，PM 告诉里昂雷达管制员，他们建立了下滑道。管制员让他们联系里昂塔台管制。

19 时 43 分 47 秒，飞机距离跑道入口 7 海里。大约就是在这个距离上机组说他们建立了目视参考。

19 时 43 分 53 秒，飞机在离地 2000 英尺，到达选择的目标速度（205 节）。PF 要求 PM 立刻选择"形态 2"。正在与里昂塔台管制员联系的 PM 收回了减速板，选择了"形态 2"。此时飞机以 203 节的速度通过高度 1550 英尺（AAL）。

19 时 44 分 15 秒，里昂塔台管制员给了机组在 36R 跑道的着陆许可，并告诉他们风向风速为 130°6 节。

19 时 44 分 20 秒，PF 选择速度 180 节。此时飞机的当前速度是 204 节。

19 时 44 分 28 秒，PF 要求放下起落架来减速。

19 时 44 分 50 秒，PM 喊道："看，你没法减速。"此时速度是 199 节。

飞机通过高度 1000 英尺（AAL）时，速度比 V_{app} 大 57 节（198 节/141 节），选择速度是 180 节。形态 2，飞机建立在下滑道上，起落架放下并锁定。姿态约为 $-1°$；下降率约为 -1100 英尺/分钟。

应 PM 的要求，PF 在无线电高 950 英尺时接通速度管理模式。目标速度自动变为 153 节，这是 PFD（主飞行显示器）速度带上的 F 速度。❶

无线电高度 850 英尺，速度 193 节时，机组选择了形态 3，几秒钟后，在无线电高度 625 英尺和速度 184 节时选择了"形态全"。目标速度自动变为"V_{app}"（141 节）。

在通过 500 英尺（AAL）时，速度减到 179 节（V_{app}+38 节），俯仰姿态为 $-4°$。下降率大于 -1100 英尺/分钟。

PF 在无线电高度 200 英尺时断开了自动驾驶仪。

飞机以接近 $0°$ 的俯仰姿态通过无线电高度 140 英尺。自动推力仍然接通，发动机 N1 转速从慢车位（30%）开始增加。

通过无线电高度 80 英尺时，N1 为 54%。速度是从 158 节开始增加。

通过无线电高度 60 英尺时，飞机飞越跑道入口，有 7 节的顺风分量。飞机速度（CAS）为 160 节。机组后来说在飞过跑道入口时他们注意到对面跑道头有一片雾。

通过无线电高度 30 英尺大约 3 秒种后，PF 开始将推力手柄收至慢车卡位。

PF 保持一个小幅度的侧杆向后的俯仰输入（大约是 1/4 杆量行程），直到飞机达到无线电高度 23 英尺。俯仰姿态从 $-1.4°$ 增加到 $+1.7°$。下降率接近 -600 英尺/分钟。然后 PF 的侧杆出现了交替的俯仰上下输入，俯仰姿态稳定在大约 $0°$。

在飞过跑道入口 500 米处，飞机位于跑道上方 21 英尺。PM 喊出说他们太高了。此时发动机 N1 值达到了 69%。

飞机下降到 20 英尺以下时，飞机合成语音喊道"RETARD（收推力手柄到慢车位置）"。

1 秒钟后，机组将推力手柄收至慢车位置，自动推力断开。速度为 163 节并且开始减速。PM 开始推杆（向前），同时 PF 开始带杆（向后）。

PM 多次报出"松手"，并持续施加了较大侧杆向前的输入（1/2 俯仰向下）直到接地。与此同时，PF 保持一个较大的侧杆向后的输入（平均1/2 俯仰向上）。侧杆输入的代数和叠加结果是机头向上（这是空客 A319 电传系

---

❶ A319 机型形态 2 的最小机动速度。

统的逻辑）。在这个阶段，合成语音报出了"DUALINPUT（双输入）"。

19 时 46 分 03 秒，主起落架在距离跑道入口约 1600 米处接地。飞机的地速是 154 节。

1 秒钟后，扰流板自动展开，机组使用最大反推。

机组施加了有力而不对称的刹车，使自动刹车解除了。3 秒钟后，飞机减速率达到 0.4 g（为了比较，低位自动刹车目标减速率为 0.17 g）。

飞机以大约 75 节的地速冲出跑道，在接近盲降天线区域一侧的跑道头之外大约 300 米处停下（见图 3.2.1，事故过程见图 3.2.2 至图 3.2.6）。机组通知管制员飞机已冲出跑道，无人受伤。

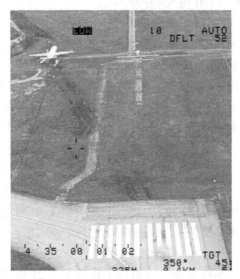

图 3.2.1　从跑道头看到的事故飞机

19 时 48 分 14 秒，飞机停止后大约两分钟，管制员询问机组是否关闭了发动机。

19 时 48 分 30 秒，机组启动 APU，然后关闭发动机。

从 19 时 51 分起，机长和管制员讨论了旅客的应急撤离，并说："我们可以留在飞机上，我们可以……可以等，因为实际上没有……我们没有任何类似于起火或者类似问题。"

19 时 52 分 28 秒，机长呼叫管制员并请求："你能检查一下消防救援吗……有没有任何类似起火之类的东西，因为我们无法通过观察来确认。"

19 时 52 分 47 秒，管制员通知机组，消防部门目视没有发现任何问题。

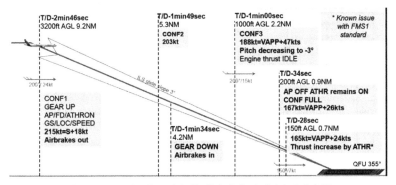

图 3.2.2　飞机进近过程外形改变与速度剖面示意图

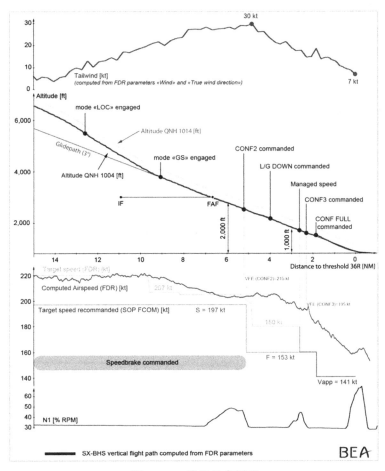

图 3.2.3　飞机垂直剖面

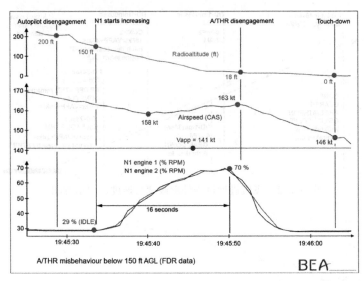

图 3.2.4　自动推力工作状态

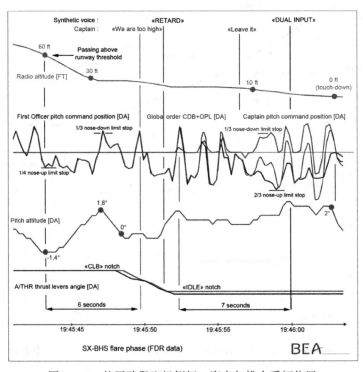

图 3.2.5　拉平阶段飞机侧杆、姿态与推力手柄位置

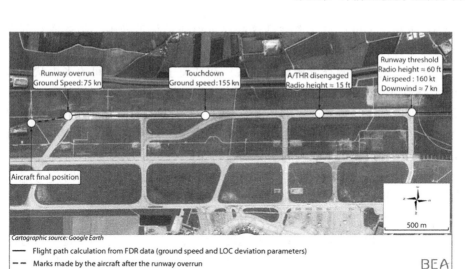

Flight path calculation starting from when the aircraft crossed the runway threshold

❑ **touchdown occurred approximately 1,600 metres from the runway threshold;**
❑ **the aeroplane overran the end of the runway at approximately 75 kn.**

图 3.2.6　飞机着陆后冲出跑道轨迹图

三、分析

1. 飞行过程分析

1.1　进近准备阶段

下降到 FL280 过程中，PF 在准备进近简令前收听了机场通播（ATIS）。他没有充分理解并重视 ATIS 中提到的在 1500 英尺处存在 15 节顺风的信息，该信息是由 30 分钟前一架着陆飞机的机组报告的。飞行数据记录器（FDR）上记录的信息表明，该航班在进近时，实际风况比 ATIS 提供的更糟糕（在高度 2000 英尺是 30 节，ATIS 通报是 15 节）。

如果有更好的英语水平，那肯定会有助于副驾驶更准确地理解信息（机长是希腊国籍，副驾驶是西班牙人）。此外，如果里昂机场有 D-ATIS（数字 ATIS），且该航班飞机上有 ACARS 设备，那么，机组就可以打印出 ATIS，从而意识到顺风的存在并避免气压基准设置错误。

许多飞行员会使用飞机上显示的风况信息作为决策辅助。该航班机组解释他们在进近的整个过程中都没有参考这一风况信息，尽管导航显示器

（ND）上显示了该信息。考虑到这些显示值通常很不准确，制造商在其操作程序中并没有提供这些显示值的使用指南，特别是在着陆期间。

法国民航事故调查分析局（BEA）在其关于"复飞期间的飞机状态意识（ASAGA）"的研究报告中提出了向飞行员提供风况信息的问题："风况是飞行驾驶和飞行策略选择中必须考虑的一个关键参数。在不违背空管给出的地面监测风的情况下，BEA认为飞机上的风况信息必须尽可能准确，且机组也必须知道提供给他们的信息的准确性。"

舱音记录器（CVR）解读表明，简令中没有涵盖执行进近时应考虑的威胁。因此机组没有计划任何具体行动来减轻可能的后果，尤其是以下方面：（1）管理近15小时飞行任务期后的潜在疲劳；（2）自动化设备的使用意图（在选择模式或管理模式下的速度管理）；（3）在特定高度稳定进近的目标；（4）飞机在湿跑道上的着陆性能；（5）与接近最低气象条件有关的复飞的可能性。

在简令中，PF没有明确说明他计划使用ILS 36R Y或Z进近（FAP：分别为10 NM/4000 FT或6.9 NM/3000 FT）。尽管他提到了4000英尺的高度，这似乎表明他正计划进行ILS Y进近。然而，MEZIN 1D进场包含一个ILS Z进近（这架飞机的数据库只包含Z进近方式）。尽管这种混乱没有对进近管理造成任何直接后果，但似乎表明PF的进场准备方式不恰当。PM也没有发现这种混乱，尽管飞机的FMS未输入ILS 36R Z进近。在与机组的无线电通信中，管制员也没有具体说明应该执行两种进近中的哪一种。BEA在之前的调查中已经发现了这种风险，并建议管制员明确指出所需的进近方式。（在这个事故调查报告发表时，里昂空中交通管制局已经取消了两个程序中的一个。）

通过FL140下降过程中，机组被告知气象条件恶化和实施低能见度程序（LVP）、能见度1100米、云底高100英尺。这一信息引起PM质疑着陆的可能性，但他没有对继续进近提出质疑。这种缺乏对心中疑惑的再确认，以及直到飞行结束仍未被发现的气压设置错误，似乎表明了当时机组相当疲劳的状态。

在整个进近过程中，机组的问题一直没有得到回答，这也没有导致他们为可能的复飞和备降制定具体的策略。

草率的进场准备没有使机组识别他们在进近过程中可能遇到的各种风险（威胁）。事故发生时，该航空公司没有要求其机组正式使用威胁和差错管理（TEM）。

1.2 中间进近

当里昂机场出现低能见度条件时，ATC 程序要求管制员指挥飞机最多保持 160 节速度在离 36R 跑道入口 10 海里处截获航向道。在事件发生的当天，管制员没有遵循这一指令。飞机以 220 节的速度在大约 12 海里处切入航向道。空管解释说，这个速度限制只对确保飞机间隔和着陆流量有用。实际运行中，当交通流量很小时，他们不考虑这一点。

控制飞机速度是机组的责任。尽管如此，管制员对 ATC 正常调速程序的应用将为机组在进近期间计划减速提供机会。

2013 年 9 月，法国民航局（DGAC）提请运营商和空中交通管制服务商注意与五边超速有关的风险。它建议在跑道入口 8 海里最大速度为 180 节，并开始减速。

事故发生后，里昂机场实行了一种新的速度管理方法。2014 年 8 月，对机场细则（AIP）进行了修改。新的方法是通知机组保持 160 节的速度，直到距离跑道入口 5 海里。然而，这种速度管理并不总是适用，取决于交通流量状况。

这种方法使飞行员和管制员能够共享相同的动作计划。然而，DGAC 的建议并不适用于所有法国机场。

在之前一架飞机（A319，法航 AF-DD 航班）的雷达引导期间，管制员向机组表达了他对飞机大地速（250 节）的疑虑。机组回答说，他们会放下起落架来。

4 分钟后，该航班的机组在同样的条件下（4000 英尺/250 节）建立了长五边。与前一次飞行不同，管制员没有分享他的疑虑。后来解释说飞机与前一航班是同一组类，它们的性能应该是相同的。

管制员主动与法航机组分享他的疑虑，这可能有助于他们提高对与地速大相关的减速困难的认识。然而，这个航班机组无法理解法语无线电通信。因此，他们失去了意识到减速困难的机会。

1.3 最后进近

制造商的标准程序（FCOM）建议确保飞机在下滑道上向 S 速度减速。飞机必须最迟在通过 2000 ftAGL 时到达"形态 1"的 S 速度。如果飞机在下滑道上的速度明显高于 S 速度，那么在放"形态 2"之前，首先需要放下起落架。

在 QNH 3820 英尺高度截获下滑道前不久，飞机速度是 217 节，也就是说速度是 S+20 节（S 速度 197 节）。PM 要求 PF 保持减速板伸展，并试图减速。PF 选择了 207 节的速度，然后是 205 节。在减速板已经放出的情况下，20 节的速度差并没有促使机组放出起落架，也没有把速度改成管理模式。

根据制造商认证的飞机模型在与事件相似的条件下进行的计算表明，在截获下滑道时放下起落架可以实现速度稳定（1000 英尺时 V_{app}+9 节，500 英尺时 V_{app}+1 节）。

在截获下滑道后，飞机速度下降，达到选择的 205 节的速度。根据机组的指令，这种减速可能会促使他们相信他们能妥善地管理速度。

只有意识到强顺风（风从 20 节增加到 30 节）的存在时，才能使机组意识到后续减速的困难，并预见性地在选择"形态 2"之前选择起落架放下。

在大约 1600 英尺 AAL 高度，PF 选择了"形态 2"构型，选择了 180 节的目标速度。但是飞机的速度没有降低，这种情况与顺风分量的存在和减速板的收回有关。15 秒钟后，在 1400 英尺 AAL 高度，当起落架放下时，速度开始下降。

虽然他提到了减速的困难，但 PM 并没有计划任何纠正措施，也没有对着陆的意图有任何疑问，这是高度疲劳的另一个迹象。

通过 1000 英尺时，空速明显很高（V_{app}+57 节），飞机没有处于着陆形态，垂直速度超过 1000 英尺/分钟。因此，不符合仪表气象条件（IMC）下进近所要求的稳定标准。

在大约 900 英尺处，PM 要求 PF 接通速度管理模式。各种形态变化（"形态 3"，然后是全形态）修改了目标速度。飞机在 500 英尺 AAL 减速率增加，但飞机仍未稳定（V_{app}+38 节）。

标准程序（SOP）要求 PM 监控飞行参数，以确保进近在 IMC 条件下在 1000 英尺 AAL 高度达到稳定。当探测到明显偏离时，机组需要执行复飞。在这种特殊情况下，继续进近的默认决定表明机组显然没有意识到发生的风险，或者他认为不需要复飞。后来的证词表明，除了在最初的简令中，他们从未想过也没有提到复飞。

低于 150 英尺无线电高度时，A/THR 自动推力的异常导致发动机转速增加。全神贯注于获取外部视觉参考的机组没有察觉到这种不受控制的发动机转速增加。

调查期间进行的计算和模拟表明，与飞机的正常减速相比，N1 的这一增加导致飞机速度在达到50英尺时增加了约5节，飞越跑道距离增加了500米。

1.4 拉平阶段

自身的操纵技术问题和自动推力（A/THR）的减速晚使得PF实施正常着陆变得困难。失去外部视觉参照以及在大雾中失去跑道剩余距离的意识也增加了他着陆的难度。

PM尝试接管控制但是没能达成愿望，因为他们没有报出接管的口令。双输入的结果事实上增加了接地前飞越跑道的距离。

正常"接管优先权"程序的应用使接管者（PM）能够抑制PF的输入控制。在这种情况下，飞机可能会以比事件发生时更小的距离接地。但是，不确定在这种情况下飞机是否会在跑道上停止下来。

调查得知，机组接管控制的培训仅在初始培训期间实施过，是为了获得型别等级。在后续训练中，这个训练仅限于飞行员丧失能力的情况才会实施，这并不能持续保证机组在这一方面具备足够的能力。

法国国家民航安全调查局（BEA）在调查2012年4月11日里昂圣埃克苏佩里机场注册号为SX-BHV的A320在接近36L时发生的严重事故期间，也观察到有双输入现象。

调查表明，在最后进近阶段或拉平过程中，当副驾驶是PF时，接管导致双输入的情形更为频繁。在许多情况下，航线运行的副驾驶处于监视下飞行。因此，培训期间接管控制权的训练场景似乎不符合实际运行中最常遇到的情况。

尽管机组大力刹车，但着陆后剩余的跑道距离不足以让飞机停在跑道上。

事故发生时，制造商的FCOM没有"中断"着陆的程序。FCTM（飞行机组训练手册）提到，并提醒机组：只要反推没有拉出，他们就可以复飞。制造商认为这种情况包含在FCOM"复飞"程序中，具体的特别信息在FCTM中可以查到。

不过，制造商在"基础培训"中教员培训的教学大纲中教授了这个特别的程序。尽管该程序与接地到反推装置伸展前这个时间段的复飞相关，但未能系统地教给机组。

在这一事件中的当事机组接受过直到50英尺的复飞训练，而未接受过飞机接地后的复飞训练。下降通过50英尺后失去部分目视参考，以及不正常的拉平时间长（18秒）这些因素应该促使机组开始复飞。然而，PM表示，因为能见度，特别是地面上的能见度恶化，令他失去了剩余可用跑道距离的判断，他却从未考虑过这一选择。

2014 年 3 月，制造商修改了其运营文件（FCOM 和 FCTM），引入了与中断着陆相关的章节。

这一更新提示机组注意擦尾的风险，并建议限制抬轮速率。然而，相比于教给教员的，它没有提供目标俯仰姿态或避免双输入的提示。

机组在此事件中的表现说明了对于在拉平阶段直到反推伸展之前中断着陆进行充分培训的必要性，尤其是引入 ROAAS（冲出跑道意识与防止系统）系统后可能会导致复飞决策数量增加。

1.5　飞机停止后

舱音记录的解析显示，在飞机停止后，机组的情绪变得不稳定。这种心理状态可以解释为什么他们没有启动应急撤离程序的第一阶段动作。两分钟后，管制员的干预促使他们关掉了发动机，然后，PM 决定启动 APU，但没有按要求先确保没有相关的启动风险（泄漏、短路等）。

在获得型别等级和复训期间，机组被教授过如果发生严重故障（如发动机着火）时如何系统地实施撤离程序。然而，该培训没有考虑到冲偏出跑道时如果没有明显损坏的情况下该如何触发应急撤离程序。

机组在冲出跑道后的心理状态和他们缺乏在这种情况下的训练，可能解释了为什么他们没有实施该程序，特别是初始的保护飞机的动作。

这项调查表明，冲出跑道后带来的震惊状态可能导致机组不去执行应急撤离程序初始动作（包括保护飞机），让机组意识到这一点很重要；外部的介入也很重要，在冲出跑道后可以提醒机组必须保护飞机，特别是关闭发动机。

2.　自动推力（A/THR）的行为

模拟显示，N1 不受控制的增加可以导致空中距离增加多达 500 米。然而不可能准确确定事件期间该因素的影响，因为 PF 的拉平技术、延迟的 A/THR 减小，以及双输入现象也导致了该距离增加。

模拟显示，应用标准拉平技术、最迟在 20 英尺（RETARD 语音提醒）把发动机推力降低到慢车可以限制这种失效的影响。然而，拉平技术的多变是难以避免的，加上设置慢车推力的时机、机组意识缺乏这些问题，使得在高进近速度的情况这种失效的影响更加显著。

制造商于 1997 年发布服务通告建议运营商提供更换飞行管理与指导计

算机（FMGC），同时描述了新版本的特点，提供了改进方案。只有接受此项升级公告的运营人才会更换新的 FMGC。

这封服务通告可能没有引起 SX-BHS 飞机以前所有者的足够重视。当飞机被 Hermes 航空公司接管时，该航空公司并不知道这份文件的存在。

SX-BHS 事故以及 2011 年巴马科的冲出跑道事故促使制造商于 2013 年 7 月发布了一份通告。这份通告专门针对有关 FMGC 的功能异常，发给所有运营 A320 系列飞机的运营商［机队负责人、飞行标准部门管理人员（FSO）和运营总监］。

2013 年 11 月，EASA 还向所有欧洲联盟成员国民航局发布了服务信息公告（SIB 2013-19）。本公告建议当局确保其运营商实际了解 FMGC 的故障和制造商的信函。该文件还首次将 A/THR 的行为与冲出跑道的风险联系起来。

迄今为止，尽管制造商和 EASA 发表了这些出版物，仍有大约 350 架飞机装备了旧版本的 FMGC。

更换设备的部分费用由运营人承担，这可能是更换设备的一个障碍。

大量的飞机仍然装备有这种类型的 FMGC，表明制造商和 EASA 出版物的影响力有限。

国家民航当局没有系统地了解 FMGC 装备现役飞机的标准。因此，当局很难确保制造商的公告被其运营人适当考虑。

此外，这种类型的 FMGC 也装备了非欧盟运营商的飞机。因此，EASA 发布的 SIB 不会像广告那样明显地警告安全问题。因此，SIB 的发布无法确保所涉运营商实际考虑到这些信息。

3. 疲劳评定

事件发生时，机组的飞行执勤时间接近 15 小时。从他们的表现可以看到疲劳症状。

法国陆军生物医学研究所（IRBA）对机组事故当天和之前几天的作息时间进行了研究，没有发现任何可能导致疲劳的睡眠/觉醒周期的变化。然而，事故确实发生在机组表现最差的时候。

其他更普遍的研究表明，当机组的飞行任务时间超过 13 小时时，疲劳以及与疲劳相关的事故风险会显著增加。

欧洲法规授权机组每日最长飞行任务时间为 13 小时，但它也规定了在"实际飞行操作中出现不可预见的情况"时免除这一限制。

EASA 没有提供这些"不可预见的情况"的定义。它表明运营人有责任在其管理体系内考虑本段中提到的所有方面。国际民航组织在其 FMRS——疲劳风险管理系统文件（Doc 9966 号文件）中提供了以下定义："不可预见的运行情况。非计划的事件——不可预测的天气、设备故障或空中交通延误——超出运营商的控制。不可预见：运营人在飞行开始（飞机为起飞而第一次移动）后才知晓的事件。"

在事发前一天，地中海航空公司的运营部建议赫尔墨斯增加机组，因为可能的技术经停导致飞行时间会有延长。这种中途经停是可以预见的，因此套用不可预见的理由进行豁免是很有争议的。

赫尔墨斯航空公司的机组排班服务没有考虑地中海航空公司运营部的信息和建议（后者在该航线上比赫尔墨斯更有经验），导致了此次轮换期间疲劳风险的恶化是可以预测的。

据机长称，在航班起飞的前一天，他拒绝了在回程航线上的机组换班，因为在他看来这是最后一刻的解决方案。

然而，调查表明，他不得不在没有任何控制休息的情况下处理需要持续集中精力关注的飞行状况：（1）监督一个年轻的没有经验的副驾驶，这种情况类似于航线训练；（2）在飞机的续航极限下进行飞行，要求在出港航程中对燃油进行精确的监控；（3）管理达喀尔的中途停留延误，并计划在阿加迪尔的技术性经停，这增加了值勤时间；（4）在夜间、恶劣的气象条件下抵达里昂。

拒绝从达喀尔增加额外的起飞业载可以避免在阿加迪尔的技术停留，但会增加航空公司的运营成本，机长担心他会因此受到指责。对该航空公司人员的采访表明，他们关心的是将成本限制到最低限度。似乎有些人甚至担心如果出现错误而导致增加大量额外费用，他们就会丢掉工作。此事故发生后管理主管决定解雇机长，这也可能增加了员工对这种风险的认识。机长的决定是在不利的经济压力下做出的。

该航空公司的管理层似乎接受，甚至赞成这种技术，即对不可预见的情况适用豁免，允许将飞行值勤时间延长至 15 小时，以避免诉诸增加机组。这是一种更昂贵的解决方案。这一事件表明，运营商可以援引次要的运行原因来不适当地延长飞行任务期限。

现行条例规定，作为最后手段，延长飞行任务期限至 15 小时仍然是机长的责任。然而，这起事故表明，后者并不总是能够作出正确的决定。

2016 年的 IR-OPS 手册 ORO. FTL 205 分部的介绍部分将要求运营商为

机长制定具体的程序，以便在出现可能导致严重疲劳的不可预见情况时，允许他们延长飞行任务时间。还将要求监督机构确保这些具体程序考虑到可能影响机组疲劳程度的几个运行和环境因素。尽管如此，决定如何使用它仍然是机长的责任。

4. 机组表现

调查显示，事故当天机组的表现低于进近或着陆的预期标准。

在这次事件中观察到的困难导致机组的整体表现变差。看来不充分的进场准备、程序的应用和其中知识的欠缺、沟通困难和工作负荷管理不当严重干扰了机组对飞行的监控。而且机组似乎从来没有清楚地意识到自己的处境。因此他继续采用不稳定的进近来面对冲出跑道的风险。

以下因素对这一表现产生了不利影响：（1）两名飞行员对飞机型别和他们的岗位都经验有限；（2）副驾驶飞行小时数有限；（3）在监视飞行的特定航线中，运营人的改装课程不足以弥补副驾驶在被赫尔墨斯航空公司聘用时缺乏的经验；（4）副驾驶曾经经历过在运行淡季期间飞行次数的减少，进而导致其不满足在监视下连续飞行的需要，这可能影响了副驾驶的正常飞行学习过程；（5）尽管航空公司的安全部门已经确定了该操作的特定风险（双输入、不稳定的进近、推力减小晚、着陆距离长），但模拟器培训不合适；（6）CRM培训不符合实际的运行环境，不足以提高机组对潜在风险的认识；（7）疲劳，与当天特别长的执勤期有关。

5. 组织因素

5.1 经营者遇到的困难

赫尔墨斯航空公司成立于2011年5月。当时它运营着一架波音737飞机。2012年第一季度，以前在地中海航空公司运营的四架空中客车移交后机队数量迅速增加。

管理团队成员的证词表明，他们管理这种快速扩张时遇到了困难，特别是在招聘和培训空客机组方面。他们补充说，由于选择了"低成本"的模式，招募年轻的、没有经验的副驾驶在经济上更有回报。因此在运营的第一年，大约一半的副驾驶只持有CPL（商照），在活塞动力飞机上总共只有平均200飞行小时。管理团队解释说，他们认为招募有经验的机长可以弥补副驾驶经验的不足。然而，大多数被招募的机长的副驾驶经历是在波音飞机上建立的。

在运营初期，机组可能包括一名对空客飞机缺乏经验的副驾驶和一名对空客飞机及其新职位缺乏经验的机长。

飞行分析发现，双输入现象多次出现，这是缺乏空客飞机经验的典型表现。FSO 解释说，机组没有应用接管程序可能源于机长在波音 737 上的长期经验，该程序在波音 737 上不存在。在复训中教授的是一个简单的口头警告。他补充说，监视下航线飞行的副驾驶数量增加了这种现象的发生可能。

2012 年 4 月 11 日，在里昂圣埃克苏佩里机场，一架注册为 SX-BHV 的 A320 型空中客车在 36L 进近时发生了严重事故。BEA 当时确定，受训的机长仅积累了 25 小时的空中客车飞行时间，两名机组成员在该类型上的经验不足促成了该事件。

赫尔墨斯航空公司只有一名型别等级考试员。因此为了满足其培训需求，该航空公司使用在雅典和英国雇佣的合同教员。它在希腊没有全动模拟机，更广泛地说，没有一个完整可靠的培训和评估机组能力的愿景。

此外，包机业务要求运营商有季节性活动。在淡季，飞行次数的减少不满足副驾驶在监视下连续飞行的需要。事故航班的副驾驶在监视下航线飞行的长时间中断期间没有进行任何特定的训练。

为赫尔墨斯航空公司机组提供 CRM 培训的是奥林匹克航空公司，这是一家老牌定期航班运营商。尽管开展了强制性的 CRM 培训，但该培训并没有显示出能有效控制赫尔墨斯航空公司在使用缺乏空客飞机飞行经验的飞行机组方面的风险。通过飞行分析检测到的操作风险没有被纳入 CRM 课程中（如着陆距离远，双输入）。

机组的证词和从飞行分析中提取的数据（着陆时推力减小晚、双输入、缺乏复飞意识）似乎也突显了训练中的缺点。

5.2　运营商的安全组织

事故发生时，赫尔墨斯航空公司已经开始实施其安全管理体系（SMS）。HCAA 在 2013 年初批准了 SMS 手册，公司计划在四年内实施。

公司飞标部门管理人员（FSO）解释说，2012 年和 2013 年机组发送的报告数量减少，表明后者不愿意报告负面事实。因此，FSO 的主要目标是建立信任，以便在运营商内部营造一种安全文化。

机组的地理分布使他们无法共享一个共同的基地来接收和交换安全信息或讨论飞行中的经验。大多数信息是通过电子邮件传播的，FSO 解释说，要确保工作人员接收到这些信息并不总是容易的。

此外，事故发生后，主管依靠调查出的特定因素作出解雇机长的决定不可能鼓励在航空公司内发展公平的安全文化。

2012年公司引入飞行品质分析（QAR）。FSO能够识别趋势，例如大量的重复出现的双输入现象和不稳定的进近。但是没有足够的数据，FSO无法清楚地评估该航空公司在全球的绩效水平。

在起草2012年年度报告时，赫尔墨斯管理团队已确定培训和实践行动的优先事项是防止不稳定的方法和双输入现象。2013年3月，FSO致函培训中心，鼓励教员强调防止着陆距离长和着陆时减小推力晚。在2013年4月进行的审计中，HCAA要求赫尔墨斯航空公司针对飞行分析发现的风险迅速采取纠正行动。

因此，赫尔墨斯航空公司似乎没有充分考虑到FSO确定的风险，也未能在事故发生前实施相关预防措施。

在事件发生时，安全组织主要基于非常微弱的机组反馈和不完整的飞行分析。

在运营的头几年或面临规模的重大变化时，运营商可能会在建立此类结构方面遇到困难。这项调查强调了这样一个事实，即仅仅基于机组反馈和不完整的飞行分析的安全管理系统不足以充分认识到与其操作的具体特征相关的安全问题。

赫尔墨斯航空公司开始运营时的条件使其同时面临以下困难：（1）招募副驾驶，其初始经验符合规定的最低要求，但是其初始航线培训有时会中断，从而将其限制在强制性的最低要求；（2）具有最大飞行任务期和飞机续航时间的航线的运行；（3）在未充分适应运营商具体特点的计划基础上，部分外包机组培训和检查；（4）机队的迅速扩张；（5）业务的季节性；（6）安全组织建立在少数机组报告和飞行分析的基础上，不能反映操作的实际性能。

总的来说，虽然符合现行的规章，但管理层的选择仅限于最低限度地符合规章，使航空公司面临更大的事故风险。国际民航组织已经在其《安全管理手册》（Doc 9859号文件第2.7章"管理困境"）中确定了这类困难。

赫尔墨斯航空公司表示，到2017年实施SMS应能改善这种情况，具体来说：（1）实施TEM（威胁和差错管理）；（2）使客户关系管理适应业务的具体特点；（3）进行LOSA审计；（4）使用风险评估方法（分析和绘制风险图）；（5）实施疲劳风险管理系统；（6）提高航空公司管理层对经济飞行在安全表现影响的认识。

6. 民航局和 EASA

2012 年，监督机构向赫尔墨斯航空公司颁发了运行合格证（AOC），但没有制定一个适当的监督方案，使其能够发现运营中的弱点。然而，招募、外包培训和快速扩张的存在似乎应该促使 HCAA 建立一个适当的监督方案。

EASA 在 2012 年对监督机构的检查中发现了不足之处，特别是由于工作人员数量减少和工作量增加，监督机构确保有效监督其运营者的能力不足。

7. 防止冲出跑道

国际航空运输协会 2014 年 4 月发布的安全报告显示，冲出跑道是最常见的事故类别。预防此类事件是负责安全的国际组织的优先事项。这些机构进行的研究和统计还表明，作为避免此类事件的最终安全屏障的中断进近或着陆决策，机组却很少执行。法国国家民航安全调查分析局（BEA）在其 ASAGA（31）的研究中表明，这种操作本身会引起安全问题。

该航班事故证实了目前防止因不稳定进近导致冲出跑道的安全屏障的局限性与失效。最后一道屏障取决于机组意识到他们的飞机没有在 1000 或 500 英尺高度（取决于气象条件）稳定时执行复飞的决定。

许多研究（统计研究、观察飞行）和大量与不稳定进近后冲出跑道相关的事故报告证实了这种安全屏障的脆弱性。因此，LOSA 进行的空中观察表明，近 97% 的不稳定进近是由机组继续进近造成的。

通过这样的方式，LOSA 指出，持续的不稳定进近可以用以下事实来具体解释：（1）不知道或忘记稳定进近的标准；（2）尽管识别到了偏差，仍有意识地决定继续采用该方法；（3）以为它们会在着陆前稳定下来；（4）不相信他们的能力能够在与他们接受训练时不同的条件下进行复飞。

研究还表明，不稳定的方法主要是由于：（1）风况管理不当（顺风分量、风切变、风梯度和湍流）；（2）执行不合适的进近：ATC 指令和机组对这些指令的接受（高度或速度限制）不允许机组有足够的时间计划、准备和执行稳定的进近。因此，似乎有必要设置更多更有效的安全屏障。

2013 年 1 月发布的《欧洲防止冲偏出跑道行动计划》向所有利益相关方提出了建议。这些措施中的相当一部分本来是有可能防止该航班事故的。它们主要涉及提高对机组情景意识的认识，以及更好地整合空中交通管制服务在飞机进近期间稳定进近方面的贡献。

8. 机组的培训和复训

与欧洲防止冲偏出跑道行动计划（EAPPRE）并行的是，"实施培训小组（IPTG）"确定了当前培训中的失败之处，旨在减少欧洲飞行员培训水平的差异。调查表明，在对赫尔墨斯公司机组的培训中发现的弱点是 IPTG 发现的与欧洲一些运营商有关的一般趋势的特征：（1）标准操作程序不规范，机组在应用时存在缺陷；（2）外包培训的教员不为运营商飞行；（3）缺乏对受训者实际经验的考虑。

EBT（基于实证的训练）提出的方案包括旨在开发和评估机组 9 个相关技能领域表现的材料。这种培训能够更容易地确定失败或成功的原因，以便对受训者进行更加个性化和有效的跟踪。

国际航空运输协会文件 9995 提出了《循证培训手册》，并具体阐述了以下几点：（1）加强遵守稳定进近标准；（2）训练复飞程序的执行和管理，包括在拉平阶段，直到反推伸展之前的复飞（中断着陆）；（3）加强在 ATC 没有报出顺风时发现顺风的技巧；（4）提高以适当的方式建立姿态、速度和推力之间关系的能力。

因此，所有欧洲和国际范围内的民航组织都计划识别与冲出跑道相关的失效，以及建议了纠正措施。该航班的事故证实了实施这些措施的必要性。

四、安全建议❶

1. 提高机组在进近时的情景意识

1.1 使用数据链的通播（ATIS）信息广播

建议之一是在欧洲国家计划实施数据通播（D-ATIS）。使用数据链接收和打印 ATIS 使机组能够避免误解和遗漏重要信息，特别是在需要大量工作的关键飞行阶段。

D-ATIS 可以使该航班机组意识到强顺风的存在。因此，根据 EAPPRE

---

❶ 根据 2010 年 10 月 20 日欧洲议会和理事会关于调查和预防民航事故和事件的欧洲法规（EU）996/2010 第 17.3 条，安全建议在任何情况下都不得推定事故、严重事件或事件的责任。在上述条例第 18 条所述的条件下，安全建议的收件人应通知发布建议的安全调查机构已经采取或正在考虑的行动。

的推荐，BEA 建议：

DGAC 高度重视在接收大量商业运输航空的机场实施 D-ATIS。［建议 FRAN-2015-020 号］

1.2　进近速度管理

这项研究强调了纵向冲偏出跑道和起始或中间进近速度大之间的密切关系。DGAC 在其 2013 年 9 月的出版物（DGAC 安全信息 2013/09）中建议：

商业运输航空运营商：（1）制定程序和操作限制，以促进符合稳定标准。DGAC 建议在距跑道入口 8 海里处的速度阈值为 180 海里/小时，并向 V_{app} 减速。（2）调整这些限制，特别是在出现明显的顶风或顺风分量或要求下滑角度大于 3°的进近的情况下。（3）在进近简令中重申这些限制。

空中交通管制服务提供商：（1）对于以 3°下滑角进近的飞机，考虑任何与速度有关的许可应与以最大指示空速 180 节通过距离跑道入口 8 海里并减速相一致。（2）如果在最后阶段存在显著的顺风分量（10 节或更大），应考虑相同的表速的地速阈值；在显著的顶风情况下这个阈值可以被接受。（3）不要试图在距跑道入口 8 海里内保持大速度。（4）下滑角大于 3°的进近，管制员应尽可能地提前管理速度，使机组适应他们在 8 海里的要求。

因此，法国国家民航安全事故调查分析局（BEA）建议，根据 DGAC 发布的文件精神，EASA 与国家民航局和空中交通管制服务提供商合作，鼓励在全欧洲发布初始或中间进近的程序和运行限制，以便在最终进近时符合稳定标准。［建议 FRAN-2015-021 号］

1.3　对机组的协助

在该航班冲出跑道后，似乎只有管制员的干预才使机组从恍惚状态中恢复过来，并帮助他们采取了第一步措施来保护飞机，即关闭发动机。因此，BEA 建议：

DGAC 研究让第三方（管制员、RFFS 代理人）介入的方法，以提醒机组他们必须在冲出跑道后保护飞机。［建议 FRAN-2015-022 号］

2. 机组训练

调查确定了赫尔墨斯航空公司内部培训的薄弱环节，尤其是考虑到所采用的招聘简介。此外，这种类型的失效已经被许多国际组织认定为通常发生在欧洲地区的机组训练中。更具体地说，调查表明，机组没有在特定程序上受过训练或训练不足，例如 50 英尺以下的中断着陆或应急撤离。事实上，所提供的培训不符合运行中遇到的实际情况。实施培训，包括 EBT，应通过确定运行中更适合遇到的风险来纠正这些失误。因此，BEA 建议：

EASA 与负责实施 EBT 的国际工作组协调，确保未来的培训方案和经常性培训使机组能够更好地管理以下情况：（1）起始和最终进近阶段过渡期间的能量管理；（2）拉平阶段直到反推装置展开的中断着陆；（3）应急撤离（执行第一项以保护飞机）。[建议 FRAN-2015-023 号]

3. 装有非耦合控制杆的飞机优先接管训练

调查表明，目前在初始和复训期间进行的非耦合控制杆接管控制训练不能保证机组在该方面的能力。

因此，在 OSD（运营适合性数据）的背景下，似乎有必要考虑有关的接管装有非耦合控制杆的飞机具体程序。因此，BEA 建议：

EASA 与制造商合作，确保在 OSD 背景下定义的未来计划包括与接管配备非耦合控制杆的飞机相关的初始和复训。[建议 FRAN-2015-024 号]

4. A/THR 的行为

制造商于 2013 年 7 月发布了一份服务信息通告。这份通告是写给运营 A320 系列飞机的所有运行人员（机队负责人、FSO 和飞行操作岗位负责人）的，内容是关于一些 FMGCs 中的异常情况，导致当进近速度高于 V_{app} + 10 节且低于 150 英尺时，A/THR 指令的推力增加。2013 年 11 月，EASA 还向所有联盟成员国民航当局发布了安全信息通告（SIB 2013-19）。该信息建议当局确保其操作人员确实意识到 FMGC 故障和制造商的信函。该通告还首次将 A/THR 的异常行为确定为冲偏出跑道的促成因素。

在这份通告发表的时候，大约有 350 架飞机仍然装备着旧标准的 FMGC，可能存在这种异常。相当多的飞机仍然装有这种类型的 FMGC，这表明制造商和 EASA 的通告相对无效。国家民航当局不知道装备在役飞机的 FMGCs 的标准。因此，他们很难确保制造商的通告被他们的运营人重视。对于欧洲以外的当局来说，这一困难甚至更大，因为他们不接收 EASA 发布的信息通告。因此，BEA 建议：

EASA 与制造商合作，确保其可能运营所述飞机的所有民用航空运营人有效了解 A/THR 异常行为。[建议 FRAN-2015-025 号]

为确保这种情况得到积极改善，BEA 建议：

EASA 与制造商合作，确定一个期限，在此期限后，它确定所采取措施的有效性。如果运营商没有就其更换相关 FMGCs 的决定提供反馈，则可以考虑发布适航指令。[建议 FRAN-2015-026 号]

5. 通过授权对经营者进行监督

调查表明，赫尔墨斯航空公司开始其公共航空运输活动的运营条件同时暴露了在机组招聘、培训和技能检查方面的问题。这些问题也加剧暴露了机队的快速增长及其活动的季节性的特点。运营商已经发现了一些导致事故的安全弱点（机长和副驾驶在机型型别和岗位方面经验不足、侧杆双输入、不稳定的进近），但是还没有根据这些风险调整其训练和复训，也没有真正确定其运行安全表现的所需工具。

当地民航管理部门（HCAA）无法建立一个监督方案，来重点关注赫尔墨斯航空公司潜在的可预见的缺陷。因此，法国国家民航事故调查分析局（BEA）建议：

赫尔墨斯航空公司在建立其风险管理系统的情况下，采取了适当的步骤，来避免调查中发现的弱点，特别是在机组招聘和培训领域，以及与机组疲劳有关的风险。[建议 FRAN-2015-027 号]

当地民航管理部门（HCAA）对赫尔墨斯航空公司实施适当的监督方案，特别是根据调查中发现的风险。[建议 FRAN-2015-028 号]

案例三　2015 年尼泊尔加德满都机场 A330 飞机着陆偏出跑道事故

一、事故简介

2015 年 3 月 3 日，土耳其航空公司 TK-726 航班于 18 时 18 分从伊斯坦布尔起飞，飞往加德满都特里布万国际机场（TIA），该飞机于 01 时 27 分02 号跑道的 RNAV（RNP）程序进近，因缺乏目视参考而复飞。之后该飞机再次按照 02 号跑道的 RNAV（RNP）程序进近，自动驾驶仪保持到离地高（AGL）14 英尺。由于在事件发生时的 FMS 导航数据库中编码的 RNAV（RNP）RWY02 进近使用了错误的 RWY02 入口坐标，以及低高度机组短时失去目视参考，飞机位置偏离了跑道中心线，并发生重着陆，FDR（飞行数控记录器）记录的最大垂直加速度约为 2.7 g。飞机接地时的俯仰角为向上

1.8°，低于其他着陆时的正常拉平姿态。飞机降落在跑道中心线的左边，左主起落架落在铺设的道面之外，飞机随后偏出跑道。

二、事故经过

1. 飞行过程

2015 年 3 月 3 日，土耳其航空公司注册号为 TC-JOC 的 TK-726 航班于 18 时 18 分从伊斯坦布尔起飞，飞往加德满都特里布万国际机场（TIA），载有 11 名机组人员和 224 名旅客。该飞机从 0 时 02 分至 0 时 11 分开始与加德满都管制中心联系，当时该飞机由瓦拉纳西控制，并下降到 FL250，但由于加德满都管制中心尚未投入运行，因此没有得到回应。机场按预定时间 00 时 15 分开放。该飞机于 00 时 17 分与加德满都进近建立了第一次联系，并报告在 FL270 Parsa 点上空等待。加德满都进近报告能见度 100 米，机场处于关闭状态。00 时 22 分，由于中度颠簸，飞机请求飞往 Simara 点。加德满都进近指示飞机下降到 FL210，前往 Simara 点并等待。01 时 05 分，当加德满都进近提供了最新能见度为 1000 米，并询问机组人员意图时，机组人员报告说，已准备好 02 号跑道的 RNAV（RNP）进近。

这架飞机获得了 RNP AR 进近的许可。1 时 23 分，当飞机报告过 Dovan 点时，加德满都进近指示机组人员与加德满都塔台联系。加德满都塔台在 01 时 24 分发出着陆许可，并提供 100°3 节的地面风信息。01 时 27 分，飞机因缺乏目视参考而复飞。根据复飞程序，飞机被允许通过 Manri 点爬升到 10500 英尺，前往 Ratan 点等待。在复飞期间，飞机被指示与加德满都进近联系。

01 时 43 分，飞机要求提供最新的能见度，加德满都进近提供的能见度为 3000 米，加德满都塔台东南方向观察到 1000 米，少量云 1000 英尺、满天云 2000 英尺和半天云 10000 英尺。当机组人员报告他们打算在 01 时 44 分继续进近时，加德满都进近许可飞机在 02 跑道执行 RNAV RNP APCH 进近，并指示过 Ratan 点报告。飞机于 01 时 55 分向加德满都塔台报告飞越 6700 英尺。加德满都塔台许可飞机着陆，并提供了 160°4 节的地面风信息。01 时 57 分，加德满都塔台询问飞机是否看到跑道。飞机回应说，他们无法看到跑道，但仍在继续进近，当时飞机在离地高（AGL）880 英尺。在 AGL 783 英尺处，飞机询问加德满都塔台进近灯是否亮着，加德满都塔台通知飞机进近灯全亮。

自动驾驶仪保持接通，直到 14 ftAGL 断开，机组试图进行拉平飞机。FDR 记录的最大垂直加速度约为 2.7 g。飞机接地时的俯仰角为 1.8°，低于其他着陆时的正常拉平姿态。

根据跑道上记录的物证和 GPS 经纬度坐标数据，飞机降落在跑道中心线的左边，左主起落架离开了铺设的跑道表面。如图 3.3.1 所示。

飞机穿过滑行道 E 和 D，在滑行道 D 和 C 之间的草地上停下来，飞机静止位置的航向为 345°（北西北），飞机静止位置为 N27°41′46″，E85°21′29″。

凌晨 2 时，加德满都塔台询问飞机是否着陆。飞机请求医疗和消防援助，报告其在跑道尽头的位置。02 时 03 分，飞机要求打开舱门让旅客离开，而不是疏散。消防和救援队打开了左舱门，并要求客舱乘务员以及飞行员通过加德满都塔台部署疏散滑梯。

02 时 10 分发出疏散信号，让旅客下机。

图 3.3.1　飞机着陆后偏出跑道

2. 从国际航站楼外向空侧的闭路电视录像显示

对安装在机场不同位置的闭路电视录像的审查显示，与第一次进近相比，第二次进近加德满都时的天气已经恶化。加德满都塔台于 01:55:48 发出着陆许可。当时，从闭路电视录像中可以看到，能见度已经开始恶化，到着陆时，能见度已经远远低于规定的最低值。塔台没有向飞机提供能见度恶化的情况。

3. 气象办公室（MET Office）和空管（ATC）提供的例行终端气象报（METAR）和塔台观测信息

MET Office 没有按照《国际民航公约》附件 3 的规定，发布代表能见度恶化的特选报（SPECI）。同样，加德满都塔台也没有向飞机提供代表能见度恶化的最新塔台观测报告。在与加德满都国际机场的空管人员面谈时发现，加德满都国际机场的大多数空管人员都没有定期接受复训。

4. 通信

飞机从 00:02:20 至 00:11:23 在瓦拉纳西的控制下开始与区域管制联系，并下降到 FL250，但由于机场没有开放，所以没有任何回应。通信设施和机场在 00:15 时才开放。

飞机在 00:17 时与加德满都机场建立了联系，并报告说在 Parsa 上空保持 FL270。加德满都机场报告说能见度为 100 米，机场已关闭。

根据飞行员的报告，机组没有在公布的频率上获得航站自动情报通波（ATIS）信息。同时发现，ATIS 的状态没有反映在加德满都国际机场的日常检查表中。

5. 用于 RNP AR 进近的 FMS 导航数据库

TK726 飞机当天在加德满都飞行的进近是 RNAV（RNP）RWY02 进近（非精密进近）。

该进近是一个 RNP-AR（0.3）进近程序，根据 ICAO PANS-OPS（Doc 8168）vol. Ⅱ 和 ICAO RNP AR 手册（Doc 9905）中规定的标准设计。尼泊尔民航局航空信息处（AIS）的 AIRAC AIP 增补（2012 年 5 月 3 日参考 S011/12）提供了这种进近在 FMS 导航数据库中的编码方式。参见表 3-3-1 进近编码表摘录：

表 3-3-1 导航数据编码表摘录

W/P ID	P/T	TD	CRS (°) mag	DIST NM	ALT FT	SPD kt	FPA	RNP	RADIUS NM	ARC CTR ID
RATAN (IAF)	IF				AA 10500	230		0.3		
GURAS	TF			6,994				0.3		
KT532 (IF)	TF			1,900				0.3		
KT530 (FAF)	RF	L	022°	2,500	AT 8700	170		0.3	3.9	KTC21
KT528	TF			1,376			-2.8°	0.3		
DOVAN	RF	R	345°	3,840			-2.8°	0.3	4	KTC22
KT524	TF			1,200			-2.8°	0.3		
KT522	RF	R	040°	1,605			-2.8°	0.3	4.5	KTC23
KT520	RF	L	060°	3,320			-2.8°	0.3	4.9	KTC24
RW02 (MAPT)	TF			3,075	AA 4370		-2.8°	0.3		

如表 3-3-1 所述，进近程序的最后一点是 RWY02 的 MAPT，在这种情况下，它位于 RWY02 的入口。该文档还提供了当时发布的 RWY02 入口的坐标。

表 3-3-2 02 号跑道入口坐标

RW02	VN	CONV	27°41'02.0070"N	085°21'12.2150"E

2015 年 1 月 1 日，由于计划中的跑道扩建工程，尼泊尔民航局航空信息处公布了 AIRAC AIP 增补 S001/15，以强制执行现有跑道入口由 02 号跑道向北移动 120 米及现有 PAPI/PALS 退役等事宜，并于 2015 年 2 月 5 日起生效。

该 AIP 增补给出的位移入口坐标为：27°41'06"N，085°21'13"E。入口的主要坐标为：27°41'02.007"N，085°21'12.215"E。

然而，位移入口的坐标似乎不在跑道中心线上，而是偏离跑道中心线左侧约 26 米处。图 3.3.2 显示了以前的跑道入口坐标与基于谷歌地球的 AIP 增补坐标之间的比较。

另一份 AIRAC AIP 增补 S002/15 已于 2015 年 1 月 29 日发出，取代 AIRAC AIP Sup S001/15，以更正部分错误，但跑道入口 02 的坐标及生效日期（即 2015 年 2 月 5 日）维持不变。

A0012 航行通告于 2015 年 2 月 4 日 08:23 发出，以取消由 2015 年 2 月 4 日 23:59 至 2015 年 2 月 5 日 23:59 期间的 AIRAC AIP Sup S002/15。其后，

于 2015 年 2 月 4 日 10:14 发出 A0013 航行通告，以取消由 2015 年 2 月 5 日 23:59 至 2015 年 3 月 4 日 23:59 的 AIRAC AIP Sup S002/15（此航行通告于 AIRAC 周期截止日期后发布）。FMS Nav DB 提供商根据此前的 AIP 增补 S002/15 更新了 RWY02 入口坐标，而在 AIRAC 周期 04-2015（2015 年 2 月 15 日至 2015 年 3 月 4 日）中取消 AIP 增补的 A0013 航行通告没有被考虑在内。

图 3.3.2　谷歌地球截图：AIP 与 FMS 中跑道头坐标区别

因此，在事件发生时适用的 FMS 导航数据库中编码的 RNAV（RNP）RWY02 进近考虑了错误的 RWY02 入口。

还可以观察到，该差错在下一个 AIRAC 周期 05-2015 没有得到纠正，如 2015 年 3 月 6 日适用的 LIDO 表（AIRAC 周期 05-2015）中所示。

另一份航行通告 A0028 于 2015 年 3 月 1 日 08:57 发出，以取消 AIRAC AIP Sup 002/15（2015 年 3 月 4 日 23:59 至 4 月 3 日 23:59）。最后，于 2015 年 4 月 1 日发布了 AIP 增补，取消了 AIP 增补 S002/15，该增补最终从未实施。这意味着 RWY02 的入口从未正式地和物理上地被取代，但导航数据库被修改了。

从尼泊尔民航局收到了一份关于计算 AIRAC AIP 增补的入口坐标的报告，其中说明计算使用了从 http://www.mrsoft.ft/ohj02en.htm 下载的 WGS-84 计算器软件，其来源和目的地使用了尼泊尔 AIP 附件 1 中的坐标。

根据航空公司的版本，加德满都机场的跑道坐标由尼泊尔民航局在 AIP SUP 01/2015 中发布，与发布到 1/1000 弧秒的跑道坐标相比，其分辨率较低，而增补中的坐标以度、分和秒为单位。方位/距离计算表明，这些公布的坐标并不完全对齐，但公布的 RW02 坐标稍微偏左。

随后，于 2015 年 2 月 4 日发布了 A0013 航行通告，以取消 AIRAC AIP Sup S002/15 直至 2015 年 3 月 4 日（此航行通告是在 AIRAC 周期截止日期之后发布的）。FMS Nav DB 提供商根据 AIP 增补 S002/15 更新了 RWY02 入口坐标，而取消 AIP 增补的 NOTAM A0013 在 2015 年 2 月 5 日至 2015 年 3 月 4 日的 AIRAC 周期 04-2015 中没有被考虑在内。

因此，在事件发生时适用的 FMS 导航数据库中编码的 RNAV（RNP）RWY02 进近考虑了错误的 RWY02 入口。

还可以观察到，如适用于 2015 年 3 月 6 日的 KTM 杰普逊航图所述，该差错在下一个 AIRAC 周期 05-2015 中没有得到纠正。

2015 年 3 月 2 日，即事故发生前两天，飞往加德满都的土耳其航班的机组人员通过 RNP AR 监测表报告说，所有导航的精确度和偏差参数在 MINIMUM 是完全正确的，但真实的飞机位置是偏高的（PAPI4 白）和偏左的。

6. 机组

机长 55 岁，有两年的 A330 飞行经历，这是第一次执飞加德满都国际机场。接受过加德满都 RNAV/RNP 模拟机训练。

副驾驶三个月内没有执飞过加德满都国际机场。接受过加德满都 RNAV/RNP 模拟机训练。

三、事故分析

1. 天气信息分析

在为飞行后事件报告进行的采访中，飞行员表示，他们在决断高度看到了跑道的进近灯，并在决断高度以下继续进近。根据把杆飞行员 PF 的说法，在最后进近中，他暂时失去了与跑道的视觉联系，但在他启动复飞之前，又恢复了跑道视觉，并决定着陆。然而，从以下情况来看，似乎有很大可能是能见度要求低于继续进近着陆所需的能见度要求。

1.1　闭路电视天气信息

闭路电视录像显示，在 01 时 58 分，当飞机在第二次进近和着陆时，能见度几乎为零。这个能见度比飞机在第一次进近时 01 时 22 分执行复飞的能见度差得多。见图 3.3.3 所示。

图 3.3.3　飞机第二次着陆前（01:58）的监控录像截图

1.2　有关天气的目击者信息

在滑行道 C 和 D 之间的平行滑行道上，准备使用 02 号跑道的飞机报告说，在 01 时 58 分，能见度几乎为零。同样，在 02 号跑道入口附近哨所的军队警卫也报告了同样的能见度。

根据从不同来源获得的信息，事故发生时的天气能见度几乎为零。根据这一信息，该飞机在没有适当目视参考的情况下继续在 MDH 以下进近，违反了 RNAV（RNP）进近的标准和程序。

2. 机组资源管理

当"MINIMUM"自动喊话在 01:58:30 发出时，把杆飞行员（PF）回应说"继续到 300 英尺"，这可能意味着他在决断高度无法看到进近灯，并希望继续到决断高度下以获得视觉。尽管机长在他的报告和声明中说，他可以在决断高度看到进近灯。如果他在决断高度与进近灯建立视觉联系，根据 SOP，对"MINIMUM"自动喊话的反应将是"看到并继续"。PM 的职责是在 PF 用仪表飞进近时，从驾驶舱外观察进近灯和跑道，他也没有喊出"看到"。

关于上传到飞机上的经修正的入口坐标信息，在决断高度，如果存在所需的能见度，飞机仍然能够目视识别跑道，飞机下降到决断高度以下，朝向修正后的跑道入口坐标，进近灯和跑道会被偏移到飞机机头的右侧。如果机组人员能看到跑道，他们应该会注意到这种偏移。飞机仍然接通着自动驾驶仪，机组人员没有试图纠正飞机的飞行路线。

大约在接地前 5 秒，PF（握杆飞行员）说"出现"，这是第一次提到跑道是可见的。

3. 人的因素

这是机长第一次飞加德满都机场，副驾驶第三次飞但也是第一次 RNAV RNP 进近加德满都机场。土耳其航空公司的预定到达时间是 01：10。这一天，飞机大约提前 44 分钟抵达 Parsa 航路点。加德满都机场以及通信设施尚未开放。飞机在 00：17 才与加德满都进近建立联系。这架飞机在 Parsa 点上空以 FL270 等待，由瓦拉纳西控制。当时能见度为 100 米，机场关闭。这架由两名机组人员组成的飞机在飞行了近 5 小时 30 分钟后，在试图第一次进近之前需要近 50 分钟的等待以改善天气，在第二次进近之前需要近 15 分钟的等待以避免在目的地机场出现复飞。机组人员可能已经疲惫不堪，不太愿意改航备降。

加德满都机场大部分时间凌晨能见度较低。土耳其航空安全部门也曾建议更改预定抵达时间。

1 时 29 分 35 秒，在第一次复飞后，一名客舱乘务员在驾驶舱里对机长说，如果他们改道去印度德里机场，将会有很大的负担。机长说天气正在好转，他们可以在这里着陆。凌晨 1 点 30 分，副驾驶告诉机长，RNP 进近将把他们直接引导到跑道。机组人员的这些谈话可能表明他们对在加德满都着陆的渴望。在"MINIMUM"自动喊话前 4 秒钟，监控的飞行员（PM）说"当我们下降到……以下时，它将出现……"，这可能鼓励了 PF 下降到 MDA 以下，即使跑道或进近灯不可见。当机长对"MINIMUM"自动喊话作出非正常反应时，PM 没有质疑机长。

4. RNP AR 进近的 FMS 数据库

已经通过航行通告（NOTAM）把取消飞行前信息通告（PIB）的情况

向该飞机的机组人员作了简报。但飞机导航数据库保持不变，即在飞机的FMGS 导航数据库中上传了待位移的入口坐标。尼泊尔民航局在 AIP SUP 01/2015 中公布的加德满都 02 号跑道的待位移入口坐标与公布的 1/1000 弧秒的跑道坐标相比，分辨率较低，而增补中的坐标是度、分和秒。方位/距离计算表明，这些公布的坐标并不完全对齐，但公布的 RW02 坐标稍微偏左。

航空公司和机组人员不知道这些事实。如果航空公司和机组人员知道这一事实，航空公司会对放行飞机采取补救措施。

从 2 月 5 日至事故发生之日，这架飞机一直以经修正的跑道入口坐标飞往加德满都。当决断高度以下能目视跑道或进近灯时，飞行就将按照目视进行，自动驾驶仪也将在决断高度断开。如果飞行时有必要的目视参考，并且自动驾驶仪也断开，机组人员就会将飞机与跑道中心线对正。

在这次事故中，由于似乎没有必要的目视参考来继续低于决断高度的进近，飞机应该执行复飞。如果有所需的目视参考，飞行员有机会使飞机与跑道对齐，而不管输入 PMGS 导航数据库的坐标如何。这种进近并不是设计成在自动驾驶的情况下一直飞到入口。

2015 年 3 月 2 日，即事故发生前两天，飞往加德满都航班的机组人员通过 RNP AR 监测表报告说，所有的导航精确度和偏差参数在 MINIMUM 是完全正确的，但真实的飞机位置是偏高的（PAPI4 白）和偏左的。不知道航空公司是否及时收到并处理了此反馈。航空公司本应该知道 FMGS 导航数据库上传的错误数据，并采取补救措施。

委员会从飞机上收集了 LIDO 表。该图表是基于待移位的入口坐标。根据日期有效的 LIDO 表，最低能见度为 1500 米。机组人员在放行时被告知，由于取消了计划的位移，他们使用了 900 米的最低能见度。

事故发生后，该航空公司和服务提供商立即采取了一些补救措施，如暂停 RNAV（RNP）进近和公布 LIDO 表航行通告。

四、安全建议

（1）运营商应审查在加德满都国际机场往返运行的飞行员资质要求。

（2）运营商必须确保机组人员严格遵守标准进场程序和航空公司标准操作程序。

（3）运营商必须确保在飞机的 FMGS 导航数据库上传正确的导航数据。

（4）运营商应该有一个系统，在收到具有运行意义的信息，如 NOTAM

和机组人员的反馈等时，在充分了解其严重性的情况下高效有效地采取行动。

（5）运营商应建立一个验证服务提供者所编制图表质量的系统。

（6）运营商应建立 FMS 数据库有效性检查系统。

（7）运营商应审查其加德满都 RNP AR 程序的公司能见度最低标准，并根据其自身要求，遵守国家公布的能见度最低标准。

（8）运营商应审查往返加德满都机场的机组人员组成要求，同时考虑到飞行时间和时区等。

（9）运营商应确保机组人员严格遵守安全相关程序和驾驶舱纪律。

（10）尼泊尔民航局应审查其在 AIP 中关于机组人员资质的要求，然后才授权其往返加德满都机场。

（11）尼泊尔民航局必须确保在航空信息服务和机场当局之间有一个有效和高效的协调。

（12）民航局必须确保机场当局提供原始航空信息/数据，同时考虑到《国际民航公约》附件 15 及其《航空信息服务手册》对航空数据的准确性和完整性的要求。

（13）尼泊尔民航局必须确保在通过航空信息服务部门传播这些信息之前，在充分了解其严重性的情况下，对将要完成的工作进行适当的规划。

（14）MET Office 必须确保按照《国际民航公约》附件 3 的规定，公布能见度下降的 SPECI 报。

（15）MET Office 应该有一个系统，在事故发生后立即提供气象观察。

（16）尼泊尔民航局必须确保在加德满都塔台值班的空中交通管制员保持警惕，并通过他们立即向飞机提供能见度最低标准恶化的天气信息。

（17）尼泊尔民航局应定期为所有空中交通管制员提供复训。

（18）尼泊尔民航局应在其每日设施状况检查清单报告表中包括 ATIS 状况检查。

（19）尼泊尔民航局应立即恢复 ATIS 通信设施。

（20）尼泊尔民航局应该在取消 AIP 增补的同时跟踪 AIRAC 的更新周期。

（21）LIDO 应该建立一个更强大的系统来检查航行通告并采取相应的行动。

案例四 2015年巴基斯坦拉合尔机场 波音737飞机着陆偏出跑道事故

一、事故简介

2015年11月3日，沙欣航空国际航班 NL-142，波音737-400，从巴基斯坦卡拉奇飞往拉合尔的定期客运航班。由于盲降 CAT Ⅲ 升级，36R 跑道无法使用，飞机降落在 36L 跑道。着陆后，两个主起落架相继断裂。随后，飞机在双引擎支撑的情况下离开跑道，并在距离跑道头（跑道中心线左 197 英尺）8302 英尺处停止。前起落架仍然完好无损。所有旅客都通过紧急程序安全撤离。

事故的发生是由于：（1）驾驶舱机组人员的不稳定进近（高地速和不正确的飞行轨迹）；（2）左主起落架接地时小的下沉率（低下沉率着陆使起落架支柱保持在伸展的位置更长时间。摆振扭杆在支撑杆处于伸展位置时的机械优势较小，从而降低了摆振机构对扭振的抑制效果）加上减摆器连杆机构中可能存在（超过规定限度的）间隙，这种情况导致接地后的扭杆振动以及减摆器损坏。这是由于轮子的自由转动，LMLG 受到的合成扭转激励（沿着垂直轴）导致了左主起落架的崩溃。当飞机在没有铺筑的表面上移动时，左主起落架因超载而倒塌。

二、事故描述

2015年11月3日，沙欣国际航空 NL-142 航班，波音737-400 飞机，拉合尔机场进近中在低于能见度标准，且该飞机不具备 RNAV 能力的条件下实施 RNAV 进近，飞机未能完成稳定进近，并且在低能见度条件下降落在左边半个跑道上，接地位置距离跑道头 1400 英尺，接地时右侧主轮接地，右坡度 8°，1.5°俯仰姿态，4.5°交叉，随后，飞机轻轻弹跳，左侧主轮接地，右侧主轮二次接地，左侧主轮接地时，左起落架因抖动而断裂，飞机偏出跑道，飞机的机身完好无损。两个主起落架都从飞机上脱落。靠近主起落架附着点的机翼结构被大面积损坏。由于起落架断裂后的拖曳，两台发动机都受到了严重损坏。机身尾部右侧受损。由于与机身损坏位置相邻的座位没有人员使用，因此，没有人员伤亡。详细过程见本案例第三部分。

图 3.4.1 事故飞机

飞机上共有 121 人，包括 114 名旅客和 7 名机组乘员，机长 59 岁，飞行时间 19302 小时，持有有效的 ATPL（航线运输）执照和一级体检合格证。副驾驶 34 岁，飞行时间 2076 小时，持有效的 ATPL（航线运输）执照和一级体检合格证。

事故飞机是运营商按照巴基斯坦民航管理局的规定维修的。定期航空运输、包机和空中作业（仅限飞行训练）类适航证书第 774 号有效期至 2016 年 10 月 24 日。上一次维修评审于 2015 年 10 月 27 日进行（51455/46502 小时/周期），截至 2016 年 4 月 26 日。2015 年 11 月 3 日，该飞机在卡拉奇进行了日常检查，没有与起落架、反推和机轮刹车相关的原有故障。

天气信息：2015 年 11 月 3 日，拉合尔阿拉玛伊克巴尔国际机场从卡拉奇真纳国际机场（JIAP）出发前和事故发生时的天气报告能见度一直在 1000~2000 米之间，轻雾，静风。

导航设施：飞机配备了可用的 VOR/DME 和 ILS 设备。此外，在事故飞机降落前，除了 36R 跑道的盲降由于升级工作而无法使用，拉合尔机场所有所需的导航辅助设备都是可用的。36L 跑道使用 VOR/DME 程序。

三、事故分析

1. 运行分析

失事航班是一架从卡拉奇飞往拉合尔的定期客运航班，计划从卡拉奇出发的时间是 UTC 时间 03:00，计划在 UTC 时间 04:45 到达拉合尔。

副驾驶在 UTC 时间 02:00 到达飞行运行中心，机长在 UTC 时间 02:15 到达。然而，根据公司运行手册（A 部分）Ⅱ 版第七章第十页第 7.7.1 段，两者都需要在 UTC 时间 01:30 到达运行中心，在 UTC 时间 02:15 上飞机。

由于他们晚到，他们只有很短的时间进行详细的飞行前准备。

副驾驶收到飞行计划，获得最新天气信息和航行通告。天气报显示当时目的地机场的能见度 1500 米有下降到 1000 米的趋势，低于 36L 跑道 VOR/DME 进近的最低标准（1600 米）。然而，在 UTC 时间 03:00 从卡拉奇起飞时，目的地机场能见度为 1500 米，后来呈上升趋势至 2000 米，有轻雾。

机长是主操纵飞行员（PF），副驾驶是监控飞行员（PM）。机长做了一份简短的离场简令，内容包括滑行路线和标准离场程序（SID）。需要注意的是他没有讨论目的地机场的天气情况、备降至备降场以及按 VOR DME 进近在 36L 跑道降落。

根据飞行计划，该航班在高度层 330 巡航，到目的地的总飞行时间为 1 小时 23 分钟。计划中只有一个备降场，即白沙瓦（OPPS）。白沙瓦的天气预报显示有雨。

该航班于 UTC 时间 03:08 起飞，执行仪表离场程序。飞机按照计划爬升到巡航高度，在巡航过程中一直平安无事。在开始根据飞行计划下降之前，机组获得了目的地机场（OPLA）的最新天气，显示能见度 1200 米。这个能见度低于执行 VOR DME 进近所需的最低要求（1600 米），按规定应定备降至备降场。但是驾驶员决定继续前往目的地。此时该航班在卡拉奇区调管制区内（ACC）。

在 UTC 时间 03:59:02，航班交到拉合尔区管（ACC）。拉合尔区管（ACC）允许这架失事飞机使用 VOR DME 进近跑道 36L。机长要求副驾驶向拉合尔 ACC 申请"最开始飞到 36R 五边 10 海里"，副驾驶按要求申请了。拉合尔区管（ACC）拒绝了使用 36R 跑道的申请，并通知驾驶舱机组人员，由于例行维护，所申请的跑道无法使用，同时也传递了最新的天气信息为"拉合尔天气警告，能见度低，轻雾一直持续到 07:00，能见度 1200 米"。根据副驾驶描述，他们计划沿 36R 盲降程序，在获得跑道目视后有意识地中断盲降进近，并转向跑道 36L 降落。这不是一个标准的程序。

在 UTC 时间 04:04:29，副驾驶两次试图联系 Sialkot 国际机场（拉合尔 AIIAP 机场附近的一个机场）以获取天气情况（按照飞行计划，备用机场是白沙瓦）。但与 Sialkot 的无线电联系未能建立。这时，副驾驶与机长讨论，如果备降，使用白沙瓦机场作为备用机场，它需要额外的 50 分钟飞行时间。

04:04:57，副驾驶问机长他们是否必须使用 RNAV。机长让他请求

RNAV 进近。该飞机没有配备执行 RNAV 进近所需的强制性导航设备（GNSS），承运人在这方面运行限制发出了必要的提示，这一决定同时也违反了国际民航组织文件 9613 附件第 3.4.1.1 段和 3.4.1.2 段的建议程序。在这个阶段，当副驾驶在飞行管理计算机上交叉检查进场程序时，他告知机长，机长之前错误地选择了 18L 跑道而不是 36L 跑道，随后机长接受了这个提议，同意副驾驶更改进场程序。机长与副驾驶此时的对话表明，机长由于无法集中注意力，在识别及阅读信息和提供正确的进场程序方面存在困难。

副驾驶存在不断地督促机长做决定的现象。为了计算杰普逊航图 13.5 中给出的 36L 跑道的 VOR DME 进近 RVR（跑道视程），副驾驶将能见度（1200 米）乘以 1.5 计算出 RVR 为 1800 米。他缺乏 RVR 计算程序的知识，没有考虑 36L 跑道的其他助航设备，如 Jeppesen 通用航路手册第 200 页中提到的高强度进近灯光系统（HIALS）的状态或高强度跑道灯（HIRL）。机长也没有纠正 RVR 的计算错误。

表 3-4-1　报告的气象能见度与 RVR/CMV 的转换

Lighting elements in operation	RVR/CMV = Reported MET VIS x	
	Day	Night
HIALS and HIRL	1.5	2.0
Any type of lighting installation other than above	1.0	1.5
No lighting	1.0	Not Applicable

根据表 3-4-1 中提到的标准，RVR（1200 米）与报告的能见度相同，这是由于 36L 跑道上仅安装了基本进近灯光系统（SALS 420M）。根据杰普逊航图 13.5，Cat C 飞机在 36L 跑道进行 VOR DME 进近所需的 RVR 为 1600 米。

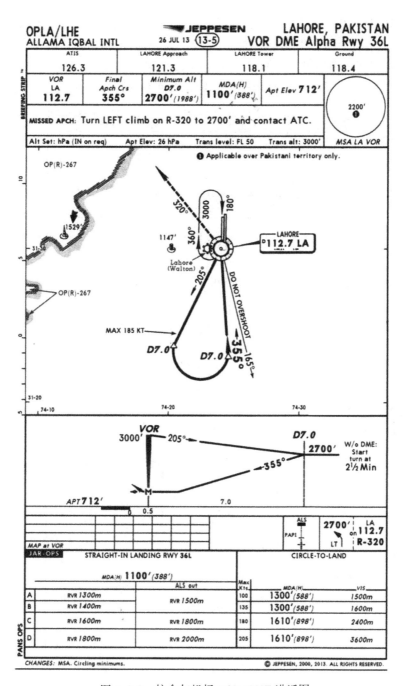

图 3.4.2 拉合尔机场 VOR/DME 进近图

　　UTC 时间 04:16:52 拉合尔进近允许失事飞机执行 36L 跑道的 LEMOM 1C RNAV 进近程序"下降到 3000 英尺,修正海压 1018,并在 ELAMA 报告"。副驾驶正确回复了管制员。在下降到 10300 英尺时,距离 36L 跑道头 27.4 海里,速度 273 节正在下降,飞机从航向 040 转到 070。

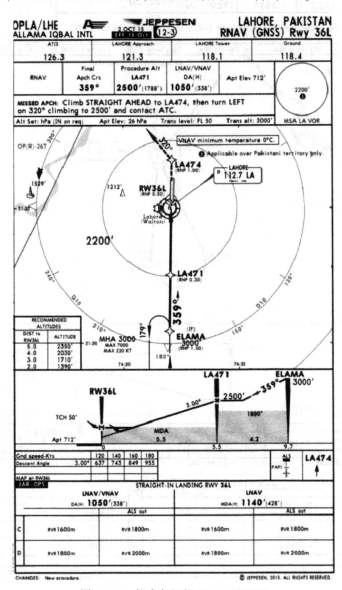

图 3.4.3　拉合尔机场 RNAV 进近图

UTC 时间 04:20:18 拉合尔进近观察到飞机在 20 海里处通过高度 FL85，比指定高度高出约 2000~2500 英尺。此时，机组快速连续地选择了 Flaps-1、2 和 5，以增加下降率，但没有使用减速板。拉合尔进近联系了机组，再次确认他们是否能够进近，还是会因为高度过高而终止进近。机长立即要求副驾驶回答"确定"。副驾驶回答"确定，我们可以做到"。

在这个阶段，可以确定飞机既没有按照航迹（航迹右侧）飞行，也没有按照空管许可/相关图表指定的高度飞行。由于能见度差带来的压力，加上机长可能由于酒精的影响而注意力不集中（事故发生后，调查人员从机长身上采集血液和尿液样本，样本分析显示，事故发生前机长有饮酒的迹象），驾驶舱机组人员缺乏所需的情景意识，但他们希望继续在目的地机场着陆。

在 UTC 时间 04:20:47，副驾驶建议机长使用减速板，以便飞机能迅速下降到所需高度。机长回应道："哈耶……哈耶……"表示他已经精疲力竭，无法应付这种困难的局面。

在 UTC 时间 04:22:05，机长要求副驾驶放出襟翼-10 和起落架。副驾驶遵守指示并确认。机长再次发出"哈……哈……哈"的声音。在这个阶段，他们还继续放了襟翼-15，打开着陆灯和襟翼-30。机长要求副驾驶完成着陆检查单，副驾驶成功地完成了检查单。

在 UTC 时间 04:22:50，该航班接近 ELAMA 上空时高度 5400 英尺，距离跑道头 9.7 海里（跑道 36L）时速度约 180 节。

UTC 时间 04:22:53，该航班在 ELAMA 上空报告位置，拉合尔进近管制观察到飞机在 5000 英尺的高度，而不是空管许可的 3000 英尺的高度，值班管制员告诫机组人员，他们在 ELAMA 的高度应该是 3000 英尺，而他观察到的是 5000 英尺。但他还建议他们继续飞行，由飞行员自己负责；如果他们最终执行了复飞，他们应该继续保持跑道航向，并建议联系塔台。根据这些指示，似乎拉合尔进近管制员相当确定，由于进近高度非常高，飞机最终将执行复飞。

在飞越 ELAMA 上空后，飞机左转，航向 355°，并放下襟翼-30。此时的速度为 180 节，飞机正通过 5000 英尺继续下降。

在 UTC 时间 04:23:52，机长在距跑道入口 9 海里处断开自动驾驶仪，通过增加下降率来下降多余高度，并执行转弯以对正跑道。机长在这个阶段决定在看不到跑道的情况下解除自动驾驶，这增加了他的工作量。结果，飞机以 2000~3500 英尺/分钟的下降率下降。在襟翼-30 时，过大的下降率选择导致超过襟翼速度限制。

当飞行距离跑道头4.6海里时，飞行参数是航向356°，高度1211英尺，速度170节，下降率1300英尺/分钟，在相对于跑道的这个距离时，这些参数几乎是正确的，但仍然无法看到跑道（驾驶舱机组人员实际上是在进行VOR DME进近，而飞机没有适当的设备执行RNAV进近）。机长在没有目视参考的情况下继续驾驶飞机，由于能见度差、压力增加、失去情景意识和心理能力下降，飞机在进近时高度低、速度大。最后进近低于1000英尺之后的重要飞行参数列在表3-4-2，表明进近已经变得不稳定。

表 3-4-2　飞机五边时的主要参数

Ht (ft) AFE	Distance (NM) from RWT	Computed Speed (Kts)	ROD (ft/min)	Hdg (Mag)		Bank Angle (deg)	Comments
992	4.1	161	1050	360	360	1.1 L	High speed by 20kts and below glide slope
951	4.01	159.5	1020	358	360	6 L	
900	3.87	158.5	930	357	360	2.8 L	
852	3.74	158	780	354	360	7.7 L	
797	3.56	157	630	351	360	6 L	
753	3.38	155	570	345	360	10.9 L	Low on approach, opened power to reduce ROD
700	3.16	153	360	344	360	1.4 L	
649	2.56	152	750	340	360	4.2 L	
604	2.43	153	900	339	360	2.8 L	
547	2.3	155	900	340	360	0	
496	2.16	155	810	340	360	0.7 L	
448	1.99	154	570	340	360	2.1 R	Low on Approach and angling ,started turning right
401	1.46	151	390	350	360	22.1 R	
347	1.24	152	690	004	360	21.8 R	Speed started increasing
303	1.11	155	630	009	360	9.1 R	
248	0.8	154	750	016	360	5.3 R	
191	0.62	154	900	013	360	5.6 L	Ended up on right, started turning left
147	0.49	156	660	006	360	12 L	
101	0.22	163	540	354	360	9.1 L	
44	-0.02	168	808	357	360	3.9 L	On RWT with high speed by 25 Kts and high ROD
0	-0.21	165	328	002	360	7.0 R	

上面提到的图表清楚地描绘了 AFE1000 英尺以下，失事飞机在不稳定进近状态飞行，速度、航向和坡度变化都很大。根据波音给出的标准，这种不稳定进近需要执行复飞。其中提到"在仪表气象条件下 AFE1000 英尺和在目视气象条件下 AFE500 英尺，所有进近应该稳定"。当进近满足以下所有条件时，认为是稳定的：

——飞机在正确的飞行轨迹上；

——只需要在航向和俯仰上做微小的改变就可以保持正确的飞行轨迹；

——飞机应该在进近速度，如果空速趋向于进近速度，+10 节到−5 节的偏差是可以接受的；

——飞机在正确的着陆构型；

——下降率不大于 1000 fpm，如果进近需要更大的超过 1000 fpm 的下降率时，应进行特别简令；

——适合飞机构型的推力设置；

——已进行所有简令和检查单。

注意：在仪表条件 IMC1000 英尺或目视条件 VMC500 以下，不稳定的进近需要立即复飞。

04:24:02，机长问副驾驶是否能看到跑道。副驾驶回答不能，并建议机长启用自动驾驶，这样可以很容易地接触跑道。然而，自动驾驶仪并没有启动。

04:24:16，机组人员向空中交通管制塔台报告了他们的位置，在距离 36L 跑道 DME 4 海里。塔台的值班管制员回答说："重新检查起落架放下并锁定，静风，注意鸟群，允许降落跑道 36L。"副驾驶回复说："目视以后可以降落，沙欣 142。"

04:24:32，机长继续驾驶飞机，副驾驶一直协助他，直到他们达到 500 英尺 AGL。副驾驶重新检查了复飞程序，并重新设置飞行指引以备可能的复飞。

04:25:24，当系统响起"500"时，机长再次询问副驾驶跑道是否可见。副驾驶答复是否定的。当飞机下降到通过 460 英尺 AGL 时，保持 150 节的恒定空速。飞机在此重量降落时的计算空速是 136 节。

04:25:41，副驾驶继续引导机长右转，就在系统响"最低"之前，副驾驶看到跑道在右边。副驾驶同时也接管了操纵，他要求机长通知空中交通管制，跑道可见。飞机在 AGL 400 英尺处暂时平飞约 7 秒，同时开始右转。当下降到 AGL 高度 400 英尺以下时，垂直速度在 −1100 英尺/分钟到

-180英尺/分钟之间变化。在200英尺AGL时，动力增加到55%~65%，增加了空速，暂时降低了下降率。尽管副驾驶在最低下降高度（MDA）偶然发现了跑道，然而由于没有获得"正确飞行轨迹"的进近参数，应该立即复飞，而不是努力对齐/着陆。

04:25:47，机长也看到跑道（在大约150英尺的AFE），并从副驾驶手中接管了操纵。然而，机长仍然无法正确地使飞机与跑道对齐，因为飞机已经向跑道右侧偏出，需要向左转弯。副驾驶要求机长左转，但机长不仅没有承认异常情况的严重性，还建议副驾驶"放松"。副驾驶回应说："好吧……你最终在跑道的右侧。"

04:26:07，在系统发出"一百"的声音之后不久，副驾驶努力从机长手中接管控制以便让飞机降落。听到机长说："哈耶……好吧……哈耶……哦……"表示完全精疲力竭，无力应付困难的情况。尽管机长已经把飞机交给了副驾驶，但他没有意识到他仍然控制着飞机。听到副驾驶催促机长离开操纵杆说："离开它……你……离开它。"机长又说："哈耶……哦。"副驾驶正忙着降落飞机，而机长除了喘不过气来，还不停地发出精疲力竭的声音。

在04:26:13，飞机达到拉平高度，系统响起"五十……四十……三十……二十……十"，两个推力手柄都收到慢车，飞机在跑道的左边半个跑道，距离跑道头1400英尺的位置接地，接地时右侧主轮接地，右坡度8°，1.5°俯仰姿态，4.5°交叉。机长和副驾驶都把着杆，副驾驶完成着陆。根据飞行数据记录器FDR的数据，接地时地速174节，真空速166节，而参考速度应该是134节，扰流板由于已经待命，在接地时伸展，随后，飞机轻轻弹跳，左侧主轮接地，右侧主轮二次接地，左侧主轮接地时，左起落架因抖动而断裂，由于在着陆前待命了扰流板，反推和刹车随后工作。

由于左侧发动机整流罩和跑道表面摩擦产生的巨大阻力，失事飞机在晴好天气带（fair weather strip）上向左偏出跑道，失事飞机在离开跑道到松软的土地上后不久，右侧起落架也坏了，飞机依靠两个发动机和前轮支撑，机体完好。飞机继续在晴好天气带上打滑了8000英尺，整个滑跑过程中，机长和副驾驶保持安静，直到飞机停止他们都没有说话。此后虽然机长没有要求副驾驶做关车检查单和疏散旅客的工作，副驾驶也完成了同样的任务，没有旅客在事故以及应急撤离中受伤。

2. 技术分析

在飞行数据记录器（FDR）时间 5329.6 秒，记录到垂直载荷峰值为 1.75 g，表明了飞机与跑道的初始着陆接触。FDR 记录地速为 174 节，真空速 166 节，而着陆参考速度应该为 134 节，此时飞机的坡度为 8°，俯仰姿态为 1.5°，右起落架外轮胎（4 号）的轮胎标记开始于距跑道头 1394 英尺，跑道中心线左侧 28 英尺。四号轮胎标记和 FDR 记录的右滚转和垂直载荷峰值，表明这个轮胎标记就是飞机与跑道的初次接触，记录时间为 FDR 时间 5329.6 秒。

以初始接地点的 FDR 时间和对应的接地标志为参考，利用 FDR 记录的地面速度计算出飞机随后每一秒的前进距离，然后利用计算出的前向距离估计与观测到的地面标记对应的 FDR 时间。

在距离跑道头 2020 英尺和跑道中线左侧 56 英尺处发现了左起落架轮胎标记。该标记表明，内轮（2 号轮）首先接触地面，然后外轮（1 号轮）在 10 英尺后接触跑道。两个轮胎标记继续保持直线约 30 英尺，然后变成"之"字形，并逐渐由深变浅，开始"之"字形轮胎标记对应的 FDR 时间为 5332 秒，这里需要提到的是，摆振事件引起主起落架外筒内的内筒以固有频率扭转振荡，从而在跑道上留下典型的"之"字形轮胎痕迹。

在距离跑道头 2434 英尺处，距离中心线左侧 49 英尺发现了一些硬物标记（很可能是左起落架轮毂），表明在此之前轮胎很可能已经瘪了，左起落架轮胎最可能的失效是由于侧向扭转和向前拖动造成的严重载荷，以及与坏掉的摆振阻尼器系统链接/硬件的相互作用。轮毂的痕迹、跑道上的碎片以及轮毂与轮胎侧面的损坏也支持了这一假设。

很深的内胎和外胎交错的轮毂标记开始于跑道入口 2444 英尺，距离中心线左侧 49 英尺，对应的 FDR 时间 5333 秒，这种图案持续了大约 92 英尺，当扭力杆或摆振阻尼制动器失效后，侧向的约束中止，内筒（连接着轮轴）在外筒内旋转，同时飞机也在前进。飞机轮胎的扭转旋转伴随着飞机的前进运动留下了纵横交错的轮胎痕迹图案。

跑道上的左发动机整流罩标记距离跑道头 2650 英尺、跑道中线的左边 56 英尺。这个距离相当于 FDR 时间大约 5334 秒。左滚转角和俯仰角的增大证实了左主起落架的断裂时间间隔（5331~5335 秒）。

轮胎痕迹表明，左起落架在断裂后并没有立即分离，而是继续沿着飞机拖拽，在发动机整流罩痕迹旁边留下了一个典型的轮胎痕迹图案。左主轮轮胎碎片、上扭转链接前片、摆振器活塞连杆端和摆振器分别位于距跑道头1362 英尺、3556 英尺、3818 英尺和4474 英尺的位置。左主起落架在跑道上，距离跑道头 4540 英尺。

在大约 5339 秒到 5351 秒时，两个刹车的压力都超过 2000。右侧发动机也使用了额外的反推。这些输入大约在跑道头的 4100 到 7100 英尺。最可能的情况是，在左起落架断裂后，飞机开始向左移动，反推和刹车用来控制向左移动。随着左起落架在滑跑早期断裂，左侧刹车将是无效的，因此只有右刹车起作用。

有一块右起落架轮胎在飞机离开跑道后出现飞机轨迹上，并在未硬化地面上前进。轮胎碎片似乎是在跑道边缘的软地上遇到了砖砌线后脱落的，距离跑道头 6996 英尺、跑道左侧边缘 10 英尺。最可能的是，右起落架轮胎由于刹车和在未硬化道面上不均匀的载荷的累计效应而失效。

FDR 记录显示右倾角在 5352 秒到 5355 秒之间下降，然后保持在非常接近于零度。在此时间间隔内，也出现了垂直加速度的局部峰值。这个时间间隔与发动机右整流罩地面接触的时间间隔相对应。通过拖痕和右侧发动机整流罩掉落部件证明了右侧发动机整流罩与地面的接触，在距离跑道头 7390 英尺为中心的区域内发现大量杂项硬件部件和反推部件。右起落架位于沿飞机轨迹与跑道头之间铺设的连接线上，距离约 7452 英尺。

在右主起落架断裂后，飞机越过连接线再次进入跑道左侧的无铺筑区域，发动机继续拖拽，在距离跑道头 8302 英尺、中心线左侧 197 英尺的位置停下来。

右起落架在接地时的垂直速度是 7.5 英尺/秒，8° 的坡度。需要提到的是，飞机接地的垂直速度是波音公司在它们的 FDR 报告中计算的，考虑了跑道坡度、俯仰速率和滚转速率，因此，其数值可能与记录的垂直速度有所不同。波音公司的报告评估右起落架的重着陆在设计的极限负荷水平。波音公司报告指出，在这种载荷下，起落架不会断裂，但需要对起落架进行检查。右起落架是因为在左起落架断裂的情况下，飞机在无铺筑的道面上移动造成的过载而断裂。

不工作的摆振阻尼器由于低下降率、滞留空气/内部泄漏/阻尼器失效，以及相关连杆机构活动超过规定范围，从而导致扭转振动，这被称为摆振事件。当振动接近装置的固有频率时，就会产生共振现象导致非常大的振幅，大振幅对连杆机构产生过大的载荷，导致扭矩杆/摆振活塞杆的失效。

左起落架接地标志对应的 FDR 时间是 5332 秒，在右起落架接地后 3

秒。左起落架的接地率为 1 英尺/秒，减速板伸展。这么低的下沉率表明左起落架没有经历重着陆，排除了左起落架因为着陆撞击而断裂的可能性。轮胎标记表明，内侧主轮先接地，随后 10 英尺，外侧主轮接地，飞机往左侧滚转，这种类型的接触对起落架施加扭转载荷并可能导致扭转振动。值得一提的是，低下沉率着陆使起落架支柱保持在伸展的位置更长时间。摆振扭杆在支撑杆处于伸展位置时的机械优势较小，从而降低了摆振机构对扭振的抑制效果。关于这个主题的信息也可以在波音公司的出版物 Aero Quarter_0313 中找到。

巴基斯坦空间技术研究所（IST）失效分析中心（FAC）进行了上扭转杆（UTL）和摆振减振器活塞杆（SDPR）的失效模式分析。

波音公司在适用的维修计划文件（MPD）和飞机维修手册（AMM）中的维修说明规定了摆振减振器连杆机构的检查和调整，主要在 C 检中完成。为了解决摆动问题，2014 年 9 月 16 日的服务函（SL 737-SL-32-057-D）（事故发生时适用）建议进行更频繁的检查。

在事故发生前，作业人员没有对 SL 737-SL-32-057-D 维修函进行技术评估，而只是在 AMM 规定的 C 检期间进行了摆振阻尼器机构维护。

根据适用的 AMM，采用检漏仪辅助的"扭转连杆顶点关节检查"和百分表辅助的"扭转自由间隙检查"等组合式起落架检查是摆振机构连杆磨损的有效手段。由于零件在事故中损坏，因此，事故后再作这些检查是不可能的。

测量扭连杆的衬套和相应的内外缸耳的磨损量是确定摆振系统组合连杆工作状态的间接方法。衬套超过规定的磨损将不可避免地导致组合系统超过规定的工作范围。

对两个主起落架上、下扭力连杆衬套内表面之间的距离进行了尺寸检查，发现超过了 AMM 规定的磨损极限（高达 6.394″，而 AMM 32-11-51/603 规定的最大允许磨损 6.382″）。

摆振时的过载可能会压缩衬套。为了验证摆振机构的状态，对三架可用的波音 737-400 飞机进行了视情检查（OTC），进行了"扭转自由运动"。所有三架飞机都发现扭转自由行程超过 AMM 规定。这些飞机的下一次 C 检大约在接下来的 929 到 2392 小时内。视情检查（OTC）结果支持这样一个事实，即在 C 检期间，操作人员检查摆振阻尼器和连杆的维护时间表不够充分，并且根据波音服务函 SL 737-SL-32-057-D 的建议，有必要实施加强频率检查。OTC 的发现也支持了这样的假设，即事故飞机的衬套磨损很可能在事故发生前就已经存在，而不仅仅是摆振期间的过载造成的。

摆振器内部液压泄漏/损坏也会对减振效率产生不利影响。由于液压端口和活塞杆损坏，无法进行摆振减振器工作台检查。通过拆卸检查，确认了内部密封和活塞完好无损。

对飞机的静压系统进行了检查，未发现泄漏和任何异常，因此排除了速度指示错误的可能性。

如前所述，上扭连杆的前片、摆振阻尼器活塞的外片和摆振阻尼器分别位于距跑道头 3556 英尺、3818 英尺和 4474 英尺的位置。上扭连杆的前杆通过螺栓连接到摆振阻尼器上。摆振活塞杆穿过上扭连杆的开口，与下扭连杆相连。只有当扭杆与摆振体的连接螺栓断裂，摆振活塞杆端部断裂时，扭杆前部才会脱出。因此，数据表明，摆振阻尼活塞杆在上扭连杆的前部分与其整体分离之前就断裂了。

摆振活塞杆端部的拉伸过载失效表明，摆振过程中由于大振幅扭转振动而发生过载。事实上，在事故发生之前，没有报道过左起落架摆振事件，也没有证据表明摆振阻尼器连杆因疲劳而失效。这表明在正常情况下，摆振阻尼器连杆强度下降 15.5% 并不是失效的原因。然而，普通的载荷情况和摆振活塞连杆无法承受摆振发生带来的额外影响。摆振活塞杆失效后，内缸不能再抑制外缸内的扭转运动。

当飞机高速前进时，左侧主起落架的轮子不再受扭转运动的约束，其上部扭转连杆很可能在与相邻部件（车轮、轮毂、刹车和跑道表面等）相互作用后断裂。失效分析中心（FAC）报告也显示扭转环节的弯曲和扭转超载导致的失效证实了事件的假设发生过程顺序。

跑道表面痕迹和机轮磨损模式表明左起落架轮组的旋转几乎垂直于飞机的运动方向，因此机轮不能随着飞机的向前运动而旋转。当飞机向前移动时，跑道表面与轮胎之间的合力将起落架从下侧向后拉，导致轮胎及上面的附件失效，起落架断裂。

3. 医学分析

事故发生后，从机长和副驾驶身上采集血液和尿液样本，以供实验室调查。在实验室调查报告中发现机长的酒精和乳酸水平分别为 83 毫克/分升和 70.0 毫克/分升。在进行这次不幸飞行事故之前，机长（在血液测试中）有饮酒的迹象。在副驾驶的血液报告中没有检测到酒精，乳酸水平为 27 毫克/分升。

1975 年 7 月 5 日，机长初次获得了体检合格证。他的医疗记录显示，他于 2002 年 8 月 20 日和 2002 年 8 月 28 日分别进行了血管造影和血管成形术。右冠状动脉和左旋动脉分别放置 Cypher 支架。2002 年 7 月 15 日，卡拉奇 CAMB 医学中心宣布他暂时不适合工作。后来，2003 年 6 月 23 日，他被卡拉奇 CAMB 医学中心宣布适合作为多机组飞机运行的副驾驶，或与合格的副驾驶一起飞行。此后，他在多机组运行限制（OML）下飞行。CAMB 医学中心记录在 2014 年 12 月 8 日，他的随机血糖水平为 257 毫克/分升，因此被宣布为糖尿病。他随后的调查显示，仅通过饮食和锻炼就能很好地控制糖尿病。机长的上一次体检合格证在 2015 年 6 月 29 日取得，有效期至 2015 年 12 月 31 日。他的近视力和远视力都下降了，因此医生建议他戴矫正眼镜。

副驾驶于 2002 年 8 月 19 日初次获得体检合格证。2015 年 3 月 30 日，CAMB 在卡拉奇航空医疗中心对副驾驶进行了最近一次体检。他的医疗证明有效期至 2016 年 3 月 31 日。

四、安全建议

1. 运行方面建议

沙欣国际航空公司将确保执行：机组的报到时间为经飞行标准理事会批准的时间，见沙欣航空国际运行手册（A 部）第二版 Ch-7 p. 10 第 7.7 段。

巴基斯坦民航局可以研究并发布明确的政策，根据天气恶化或改善的趋势，在出发/目的地机场的边际天气情况下，就推迟起飞或重新安排航班提供指导方针。

巴基斯坦民航局将向巴基斯坦境内的所有运营商发出必要的指示，强调其机组人员在飞行前简令中阅读和理解 NOTAMs，并在飞行计划中使用 NOTAMs 中的信息。

当计划的目的地机场的天气低于最低要求时，所有运营商应鼓励机组人员在飞行中作出改航至备用机场的决定。

巴基斯坦民航局将确保按照 PCAA ANO-002-XXAM-1.0 中提到的对在巴基斯坦工作的所有机组人员进行酒精/毒品抽查，而在此事件发生之前，这并不是定期进行的。

巴基斯坦的所有航空公司都应建议机组人员相互详细介绍任何替代程序，尤其是降落，在特定情况下，这可能是飞行过程中必不可少的。

巴基斯坦民航局可以进行研究并发布有关断开自动驾驶仪以修正进近参数的必要指导。这方面将与 OEM 建议的程序和飞机的整体安全一起考虑。

　　巴基斯坦民航局将向所有运营商发布必要的指示，使航空医生/飞行外科医生能发挥更多作用。机组人员的所有疾病必须报告给航空医生/飞行外科医生，并确保按照 PCAA ANO-001-XXAM-2.0 的要求妥善保存记录。

　　所有运营商确保执行他们的选拔和招聘政策，特别是核实执照和培训经历证明，这些在本事故航班机长入职时没有认真执行。

　　巴基斯坦民航局将向在巴基斯坦的所有波音 737 飞机运营商发布必要的指示，要求他们遵守《波音机组人员训练手册》（FCTM）第 6 章给出的着陆技术。

　　沙欣国际航空公司将确保机长和副驾驶接受机组资源管理（CRM）复训，因为在整个事件序列中都明显缺乏 CRM。

　　2. 技术方面建议

　　运营人应根据适用的飞机维修手册（AMM）对"扭转杆顶点关节"和"扭转自由运动检查"进行检查，并根据需要进行必要的调整/整改。（该建议由操作人员在 SIB 调查过程中执行。）

　　波音 737-100/200/300/400/500（737 CL）系列的所有运营商，对波音 737-SL-32-057E 服务函进行审查，以落实对摆振阻尼器和相关连杆增加维护的频率。

　　巴基斯坦民航局对其现行适航程序进行审查，以确保所有运营商对制造商的非强制性说明/服务函进行必要的技术审查，并实施所需的措施，特别是当他们已面临说明/服务信函所涉及的问题时。

　　所有波音 737-400 驾驶舱的机组人员应被告知遵守波音公司推荐的程序和着陆技术，以确保摆振阻尼机构的功能有效。

案例五　2016 年印度印多尔机场 ATR72 飞机着陆偏出跑道事故

一、事件概要

2016 年 5 月 7 日一架 ATR72-600 飞机 VT-JCX 计划从德里飞往印多尔，

航班号 9W2793。机上共有 66 名旅客和包括两名飞行员在内的 4 名机组人员。

这架飞机从德里起飞，一路顺风，直到降落在印多尔。飞机在 UTC 时间 14:08 降落在印多尔 25 号跑道，着陆后向左偏离跑道。飞机在不平整的地面上滑跑了约 180 米，在凹凸不平的地面和坑洼上翻滚。飞机越过 F 滑行道，在距离跑道中心线 78 米处停在隔离区附近。

二、事件描述

1. 飞行经过

2016 年 5 月 7 日从德里飞往印多尔的 9W2793 航班，机型为 ATR72-600。该架飞机由一名持有航线运输驾驶员执照（ATPL）的飞行员担任机长并操纵，另一名 ATPL 飞行员作为副驾驶。机上共有 66 名旅客和包括两名飞行员在内的 4 名机组人员。

机组人员准时报到，并在呼吸分析仪测试及航前准备后上飞机。根据天气预报，机组人员决定多带 100 公斤的燃油。获得放行许可后，大约在 UTC 时间 12:10 左右比预定时间提前 5 分钟撤轮挡。所有检查单完成后，飞机于 UTC 12:10 从 29 号跑道起飞。机组人员在爬升时要求左偏以避开恶劣天气，在航迹左侧 12 海里。

机组人员大约在距印多尔 115 海里时获得了自动航站情报通播（ATIS），并在距印多尔 100 海里时完成了进近简令。机组人员请求空中交通管制允许他们在 UTC 13:40 下降，这比他们的下降点早很多，以避开天气和颠簸。空中交通管制报告的风速为 130°08 节。由于风向对跑道 07 有利，机组人员决定采用 07 号跑道 VOR 进近经 DME 弧。

在 UTC 13:53，机组报告加入 DME 弧。在最后进近时，机组人员询问风况，ATC 通知机组人员风向风速为 320°12 节。机组人员还看到 PFD 上显示有顺风，决定中止进近。ATC 随后允许飞机从上空加入 25 号跑道盲降进近。机组人员请求沿 DME 弧盲降进近跑道 25，因为上空有不利天气，ATC 在 UTC 14:01 同意了。与此同时，ATC 也通知机组人员当时的风向风速为 100°12 节。飞机爬升 4000 英尺，在跑道左侧保持目视。

机组人员继续进近，在右转截获盲降前飞出去 15 海里以避开不利天气。机组报告在 UTC 14:07 建立航道，并由空中交通管制通知机场有中雨。在 UTC 14:08，机组报告截获盲降，获准降落，报告风向风速 160°13 节。根据机组人员的声明，进近时天气是好的，从 13 海里可以看到跑道灯。跑道灯和 PAPI 灯看起来很亮，因此机组人员要求 ATC 降低灯光的强度。

当飞机下降 600 英尺时，自动驾驶系统断开。飞机着陆后向右偏了。机长试图用方向舵控制飞机向左转。然而，飞机过度向左滑行。副驾驶还警告机长飞机的航向。在机长使用全右舵后，飞机继续向左偏出。

飞机随后冲出跑道，进入左侧未铺筑的表面，撞坏了跑道边灯、跑道标记灯和滑行道边灯。飞机在未铺设路面上运动了约 180 米，同时跳过一个坑，并在隔离区附近穿过 F 滑行道，最后在距离跑道中心线 78 米处停下，航向 204°。

副驾驶呼叫"机组各就各位"，当空中交通管制在 UTC 14:12 呼叫时，副驾驶回应了需要请求协助。空乘人员得到机长通知了解了情况。机组人员向机长确认，所有旅客都没事。飞行员们讨论了撤离问题，并决定一旦救援抵达，就正常下机。当螺旋桨停止转动后，机长指示机组人员打开舱门下飞机。所有旅客都下了机，乘坐摆渡车到候机楼。旅客和机组人员均未受伤。

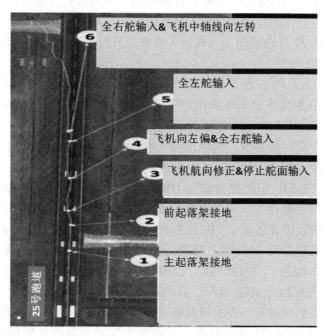

图 3.5.1　事故发生时飞机的地面轨迹

2. 人员信息

机长41岁，航线运输 ATPL 执照，有效的体检合格证，总飞行经历时间3943小时，本机型机长时间189小时。

副驾驶33岁，航线运输 ATPL 执照，有效的体检合格证，总飞行时间2693小时。

机组人员在飞行前在德里进行了呼吸分析仪测试，符合当地规章 CAR 第五部分 F 系列第三部分的要求，结果令人满意。飞行后在印多尔地区医院进行了体检，没有任何机组人员受伤。在飞行后的体检中，没有发现机组人员受到酒精的影响。

3. 飞机信息

飞机制造于2012年，有效的登记证书和适航证，飞行时间9664小时，按照印度民航局的维护计划进行维护，上次 C2 大检是2016年3月，随后所有的次级检查都如期进行。

4. 天气信息

根据印多尔的气象报告，在 UTC 14:00，风向风速为340°14节，能见度为5000米，有微弱雷雨。在2000英尺处很少有云，在2500英尺处有散云，在3000英尺处有积雨云。西南方向和本场有积雨云。预报没有显著变化。

UTC 13:30 的气象报 METAR 显示天气情况类似，但是风为120°07节，以及积雨云向南移动。预报没有显著变化。

在 UTC 13:00 时也获得类似的天气报告，风向风速为100°9节，并在东南方向及上空有积雨云。能见度保持在5000米。预报没有显著变化。

根据 ATC 的记录，在 UTC 14:01，塔台的风向风速为100°12节。风向在330°至120°之间变化，阵风高达14节。空管还提醒机组人员，机场有中雨和湿跑道表面有积水。

5. 机场信息

印多尔的机场被称为 Devi Ahilya Bai Holkar 机场。按国际民航组织机场命名规则命名法为 VAID，按国际航空运输协会机场命名法为 IDR。该机场由印度机场管理局负责维护和管理。

根据两名机组人员的陈述，除了潮湿外，跑道状况不是很好。印度民航局在 2012 年 8 月对印多尔机场进行了监督。根据不合规报告的描述，"跑道在 2008 年重新铺筑，到检查时顶层混凝土松动蔓延至整个跑道，对跑道、滑行道、停机坪产生 FOD 危险"。

印度民航局最后一次对印多尔机场进行监督是在 2014 年 11 月 26 日。根据不合规报告描述，"跑道表面状况非常糟糕。跑道上到处可见松散的卵石。跑道上有很多地方有洼地和坑洞，这对飞机来说是安全隐患"。

根据向当地局方 COI 提供的事故发生前 2016 年 3 月 31 日的最后一份行动报告，这两项监督检查发现的违规行为仍然存在。重铺道面的招标已获批，但工程仍在进行中。与此同时，按照跑道清洁合约也在定期清除碎石。坑洼也根据操作要求进行维修。预计完工日期为 2016 年 11 月 30 日。

三、分析

1. 飞机的适航性

该飞机在事故发生之日持有有效的适航证书。对该飞机的最后一次重大检查是在 2016 年 3 月。飞机没有任何悬而未决的问题，也没有任何最低设备清单项目要保留（MEL）。两个引擎都是可用的。飞机按照批准的程序进行维护，并在事故发生之日适航。事故发生当天，这架飞机的飞行时间为 9664 小时。飞机的适航性与事故没有关系。

2. 天气

根据印多尔的气象报告，国际标准时间 14:00 时，能见度超过 5000 米。据报道有微弱的雷暴和降雨，2000 英尺高空有少量云，2500 英尺高空有零散云，3000 英尺高空有积雨云。西南方向和机场上空上有积雨云。预测没有显著变化。风向风速为 340°14 节。

然而，从舱音记录 CVR 和 ATC 记录可观察到风向在 330°至 120°之间变化，阵风高达 14 节。

如果按照正确的程序，天气不会成为事故的致因。

3. 跑道条件

从 CVR 和 ATC 的记录可以明显看出，空管警告机组人员，机场将有中雨，跑道表面潮湿，跑道上有水斑。

印度民航局分别在 2012 年 8 月和 2014 年 11 月的监控中报告了不符合规定的情况。

"跑道在 2008 年重新铺设道面。顶层混凝土松动蔓延至整个跑道，从而在跑道、滑行道、停机坪产生外来物（FOD）危险。" "跑道表面状况非常糟糕。跑道上到处可见松散的卵石。跑道上有很多地方有洼地和坑洞，这对飞机来说是安全隐患。"

根据向局方监察员（COI）提供的事故发生前 2016 年 3 月 31 日的最后一份行动报告，这两项违规行为仍然存在。重铺道面的招标已获批，但工程仍在进行中。与此同时，按照跑道清洁合约也在定期清除碎石。坑洼也根据操作要求进行维修。预计完工日期为 2016 年 11 月 30 日。

显然，从照片、检查报告和飞行员的陈述来看，跑道的状况已经恶化，是造成事故的一个因素。

4. 侧风着陆技术

侧风着陆需要特殊的方法。通常用于侧风着陆的两种常用方法是偏流进近法（crab）和侧滑进近法（sideslip）。

在偏流进近方法中，需要调整飞行航向以保持飞机航迹与跑道中心线对齐。进近过程中飞机的机头指向风的方向，并且飞机相对于跑道稍微倾斜。这种方法要求飞行员保持平飞进入拉平，并在飞机触地时进行修正，以便与跑道对齐。当方向舵用于保持航迹时，需要逆风副翼输入来保持飞机水平。

在侧滑进近方法中，飞机的机头用方向舵调整，飞机倾斜，在最后进近和接地时停止侧向运动。

在这两种方法中，在着陆滑跑过程中，随着空速的减小，副翼输入需要逐渐增加到全偏转。在较低速度下，如果使用前轮转向，机头向下的输入可以实现在前轮上施加较高的载荷以帮助增加方向稳定性。

5. 方向舵效率

方向舵等飞行操纵面的气动效率与速度的平方有关，与偏转成正比；图 3.5.2 是使用 DFDR 的数据绘制的，表示在事件序列中方向舵偏转效率与时间的函数关系。在相同偏转的情况下，方向舵在 95 节的第一次偏转和 62 节的第二次偏转之间的效率在 7 秒内降低了一半以上。低于 60 节时，方向舵效率迅速下降到零效率。

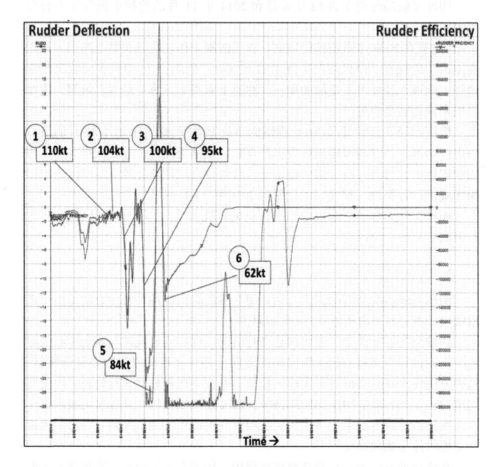

图 3.5.2　基于 DFDR 飞行数据记录器数据绘制的事件序列中方向舵偏转效率

6. 飞行员操作

从 DFDR 和 CVR 分析可以观察到，机组人员在 UTC 时间 14:10:06 断开了自动驾驶，当时飞机的无线电高度略高于 600 英尺。

可以观察到，机组在 10 节侧风中以大约 5°的偏流角进行进近。在拉平期间飞机没有消除交叉，飞机在大约 UTC 时间 14:11:8，以 110 节 5°偏流角着陆，推力手柄慢车，副翼朝迎风面 5°。

前起落架接地后，飞机继续带着交叉，并开始向左偏离。飞行员踩右舵修正，飞机被蹬回正常轨迹，然而在着陆阶段的记录显示副翼没有一点点的朝上风面的使用。

当机长艰难地将推力手柄收到地面慢车，副驾驶试图检查慢车位是否被锁定时，他们俩的手相互阻碍了。推力手柄后来被机长通过用力收到地面慢车，但导致了飞机减速和右舵输入都被释放。

松开方向舵，没有足够的向迎风面的副翼和机头向下输入，导致飞机由于风的垂尾效应再次向左偏离。

机组人员再次使用约 2 秒的右舵来纠正左航向偏移，向右航向变化速率为 3°/秒，航向达到 248°。同时全反推工作。那时的空速已经达到了 95 节。

这一航向偏移之后，机组人员立即全左舵输入，导致航向以 2°/秒的速度向左改变，而飞机速度下降到 84 节，并继续下降。紧接着是另一个全右舵输入，该输入一直保持到飞机完全停止。然而，随着飞机减速，方向舵的作用越来越小。

副驾驶看到飞机在速度达到 70 节之前向左转弯，在大约 CVR 记录的 UTC 时间 14:11:17 时听到他大喊"右，右"。机长没有使用前轮转弯来控制飞机，因为副驾驶没有按照降落程序要求喊"70 节"。从 CVR 上可以看出，在大约 UTC 时间 14:11:24，飞机离开跑道，进入未铺设路面。当时它的速度约为 50 节。

机组人员继续使用右舵，没有机组人员曾尝试使用差动刹车来控制飞机。使用差动刹车既不是航空公司的程序，也没有在培训中教授给机组人员。机长在 UTC 时间 14:11:31 大喊"停止"，并在 14:11:33 使用全刹车，使飞机在 UTC 时间 14:11:35 完全停止。

7. CVR 和 DFDR 分析

播放和收听 CVR 记录来分析飞行，并将事件与 ATC 记录和 DFDR 数据联系起来。两名机组都使用了各种非标准喊话。听到机长要求副驾驶在自动驾驶仪关闭后立即控制推力手柄。在拉平期间，可以听到副驾驶在呼叫"thodasaneeche, thodasaneeche aur neeche basuparupar（翻译过来就是：向下一点，向下一点，够了，向上向上）"。然而，这些喊话似乎并没有造成任何混淆，显然两个机组人员可以清楚地听懂这些喊话。根据来自法国 BEA 的 DFDR 分析报告：

飞机在前轮着地时的初始交叉状态引起了横向偏差，该偏差已得到纠正。副翼迎风和机头向下的输入幅度不足以确保地面适当的方向稳定性。

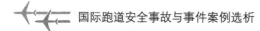

当释放初始右舵修正后，由于垂尾效应，飞机再次向左偏转。作为反应，方向舵完全右偏转，并保持输入了 2 秒，导致了高速度的航向右转。作为反应，方向舵完全向左偏转，导致在相反的方向上，向左的高速航向偏转。

虽然最后一次使用了右满舵，但由于速度不断下降，方向舵效率下降，无法恢复飞机向左的偏转。

CVR 记录中的事件也可以佐证 DFDR 分析中的事件。

8. 事故可能原因

不正确的侧风着陆技术和在速度下降后方向舵效应降低的情况下没有使用前轮转向或者差动刹车，导致飞机偏出跑道。

跑道状况也是一个影响因素。

四、改进建议

（1）运营商应向机组人员重申正确的侧风降落操作程序，并使用标准喊话。

（2）印度民航局应确保在监督和审核中报告的不符合事项在限定时间内关闭任务项目。

UTC 时间 04:12:15，机组人员经拉合尔 ACC（区调频率）移交至拉合尔进近频率。副驾驶联系拉合尔进近，通知他航班已移交给他，正在从高度层 240 降至高度层 150。拉合尔进近发现该航班的航迹偏右，并询问驾驶舱机组人员，他们是否偏在航迹右侧。机长迅速要求副驾驶告诉拉合尔进近，他们正在按照 36L 跑道的 RNAV 程序进近。副驾驶执行了机长的指示。拉合尔进近回答收到，指示副驾驶在 LEMOM 处报告，同时继续下降到高度层 70。拉合尔进近确认了机长按照 RNAV 程序的决定，而不是按照之前许可 36L 跑道的 VOR DME 进近，并在此阶段更改程序至 RNAV 进近。

案例六 2016年印度果阿机场 波音737-800飞机起飞偏出跑道事故

一、事故简介

2016年12月27日，一架波音737-800飞机执行从印度果阿飞往孟买的定期航班，在果阿机场起飞滑跑时偏出跑道，事故的可能原因是两台发动机初始加速性不一致，机组未按照标准操作程序的要求等待两台发动机稳定后才加到起飞推力，不对称推力导致飞机产生偏转（见图3.6.1）。

图3.6.1 事故飞机起飞滑跑偏出跑道地面轨迹

二、事故经过

2016年12月27日，一架波音737-800飞机执行从果阿飞往孟买的定期航班，在果阿起飞时发生事故，机长为把杆飞行员（PF），副驾驶为监控飞行员（PM）。机上有154名旅客，5名客舱机组人员。

该航班的预定起飞时间为23:10 UTC。驾驶舱机组人员于22:20 UTC 报到。对机组人员进行了飞行前医学检查，包括呼吸分析仪测试。测试结果令人满意，酒精呼气分析呈阴性。机组人员在自我介绍和收集飞行文件后登上飞机。

在飞机上，飞行机组人员向客舱机组人员简要介绍了他们将进行短程滑行的信息。飞行机组人员于 23:22 UTC 向管制员（ATC）申请推出许可。ATC 允许该航班通过滑行道 N1 加入 26 号跑道排队。飞行机组请求从交叉道口起飞，但这个请求并没有被 ATC 允许。在 23:22:54 UTC，右发动机启动，随后在 23:23:54 UTC 左发动机启动。

23:31 UTC，当该航班进行滑行时，ATC 给予了该航班离港许可。飞机在跑道头 180° 掉头。

23:32:13，ATC 确认离港许可为经过 Okila 航路点加入 R461 航路前往孟买。

23:33 UTC，该航班被给予起飞许可。飞机襟翼 5 起飞。以起飞重量 64.6 吨计算的该飞机起飞速度为 $V_1 = 135$、$V_R = 141$、$V_2 = 146$。机组完成了起飞前检查单。

23:33:04 UTC，机组开始推动油门杆以增加推力。根据机组人员的陈述，在油门超过 40% 后，机长按压 TOGA 起飞。

按下 TOGA 后，飞机开始向右漂移。在按下 TOGA 的 10 到 12 秒内，飞机偏转进入了未铺筑地面。根据机组人员的说法，他们试图使用刹车、方向舵并使用前轮转弯操纵飞机，但由于严重颠簸，无法有效控制。飞机失去控制，继续进入未铺筑表面。

飞机停在距离跑道边缘 219 米处，距离外围道路不远。在这条偏出跑道的路径上，飞机碰到了精密进近下滑道指示灯（PAPI）。

飞机发动机撞击到了横向距离 26 号跑道中线 92.3 米处的 2.3 米高的立柱。立柱还损坏了机身的左底部。

根据坐在 L1 位置的客舱乘务长的陈述，客舱机组人员观察到飞机向右侧剧烈漂移，并剧烈摇晃。机组人员注意到异常情况，开始高喊抱头俯身命令。坐在 R1 的机组人员还通知客舱乘务长机舱内有烟雾状灰尘。飞机一停下来，负责飞机尾部厨房的机组人员就在旅客广播 PA 系统上发出通知，要求旅客留在座位上。

与此同时，在 22:35 UTC，机组人员宣布 MAYDAY。机长随后切到旅客广播（PA），并发出紧急撤离指令。

三、事故分析

1. 航空器适航性

飞机的登记证书、适航证、航空移动许可证和放行使用证明均有效。飞机及其发动机按照当地局方 DGCA 批准的由日历周期/飞行小时组成的维护计划进行维护。飞机的重心（CG）在限制范围内。

已遵守适航指令、服务公告、DGCA 对该飞机及其发动机的强制性修改。在事故飞行前，没有待修复的故障，也没有在飞机日志中记录任何重复缺陷。

飞机处于 MEL 36-5-2 状态，左侧发动机引气不工作。MEL 要求机组参照补充程序进行无发动机引气起飞。机组人员与工程师讨论了 MEL。发动机引气不工作不会导致此事故。没有任何由于系统设计或维护不力导致的推力不对称的证据。

2. 天气

机场通道 ATIS 服务不可用，天气由第一副驾驶获取。天气很好，对事故的发生没有造成影响。

3. 训练——从涡轮螺旋桨飞机到涡轮喷气发动机的过渡

两名机组人员都持有有效的执照，并有适当的机型资格。他们持有规定要求的所有必要文件。他们的体检合格证有效，没有运行限制项目。

根据公司培训手册，该事件机长已从涡桨发动机飞机机长转变为涡喷发动机飞机机长。根据手册，"适应性改装课程"提供 180 小时的地面培训（自学），然后是模拟机培训、模拟航线训练（LOFT）和模拟机检查。在模拟机检查后，飞行员接受航线训练，100 小时的监视下飞行后进行放单飞检查。共有约 5741 小时的飞行经验，其中约 368 小时为本机型机长经历。

在此次事故中机组人员（机长）没有采取某些行动。虽然他接受了改装培训"适应改装课程"，但似乎未涵盖某些重要的培训和检查，例如，在按下 TOGA 之前需要发动机稳定；喷气式飞机在低速情况下方向舵的有效性。

在本次事故中，副驾驶在飞行中的表现表明他也缺乏机组资源管理（CRM）培训。

4. 运行历史分析

由于推力不对称，飞机于 2015 年 10 月 22 日发生一起中断起飞事件。

起飞前的推力应用不正确。1 号和 2 号发动机分别在 27% N1 和 24% N1 下 TOGA 接通。在中断动作完成时，航向改变了 13°。

对涉事飞机的前十次起飞进行了分析。N1 设置的差异与推力杆角度的差异相对应。

调查人员分析了机长操作的前十个航班中为设定起飞推力时所遵循的程序。据了解，他之前在按下 TOGA 时，发动机推力之间没有显著差异，除了有一次差异为 10%。

5. 导致事故的情况

5.1 发动机启动和滑行

当地局方 DFDR 的详细分析及舱音记录器（CVR）记录的相关性清楚地说明了导致当前事故的情况。飞机要求推出和启动发动机。先启动了 1 号发动机，然后启动了 2 号发动机。滑行开始前的发动机参数如表 3-6-1 所示。

表 3-6-1　滑行前发动机部分参数

Engine	NI	N2	EGT	FF/ENG
NO. 1	20. 63	60	501	688
NO. 2	20. 13	60	519	720

机长在 26 号跑道的哑铃状掉头处开始转弯前，将飞机减速至约 16 海里/秒。转弯开始于约 13 海里/秒，随着转弯，速度进一步减慢。转弯期间未使用不对称的推力。飞机在航向 256 时停止。机长施加刹车压力并保持飞机刹车。左、右制动压力分别为 479 和 458 psi。23:32:59，自动油门启用。

在上述一分钟左右的时间内，机组正在修改飞行管理计算机并向 ATC 更新确认管制许可。起飞滑跑开始前，飞机航向为 256。空中交通管制部门允许飞机在 26 号跑道起飞，风力报告为不定风 6 节。

5.2 起飞滑跑和事故

果阿机场 26 号跑道的跑道航向为 261。基准起飞 N1 为 95.7%。飞机对正跑道时航向为 256。

在 23:33:05 至 23:33:17 的 12 秒期间，两个推力手柄都向前推。油门杆角度从慢车推力位置（36/36）增加到 45/47。在此期间，左刹车压力指示 252 psi，右刹车压力指示 38 psi。方向舵位置为中间位。

23：33：17，TOGA 被按下。两台发动机上的 N1 参数不对称（见表 3-6-2）。

表 3-6-2　TOGA 开始两台发动机、方向舵及刹车的使用

TIME	HDG.	G/S.	N1		TLA		EGT		F/F		RUDDER		BRAKE PRESS	
			1	2	1	2	1	2	1	2	Left	Right	Left	Right
23:33:17	257	5	46	28	45	47	538	579	1680	1280		3	248	35
23:33:18	258	6	44	30	53	59	536	584	1728	1408	2		248	35
23:33:19	259	7	60	32	63	69	568	590	3072	1536	9		252	38
23:33:20	260	10	81	35	70	70	611	593	5200	1712	28		248	38
23:33:21	262	13	90	43	71	71	659	601	7362	2112	30		255	35
23:33:22	264	16	92	57	73	71	681	607	8336	2928	29		255	35
23:33:23	268	20	95	74	75	71	706	627	8752	4320	29		255	38
23:33:24	270	24	98	89	75	71	724	670	9280	6688	29		248	38

两台发动机上的燃油流量相差 400 磅/小时。起飞推力的应用不符合 JET 航空公司的起飞程序，该程序规定两个推力手柄必须前推直到显示的 N1 为 40%，然后按下 TOGA（见图 3.6.2 白底文字部分）。

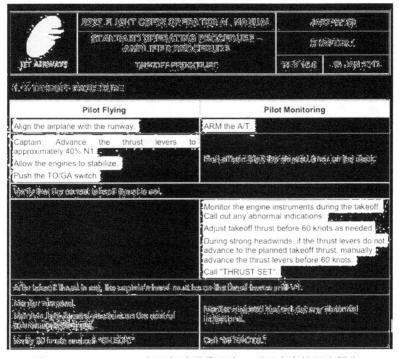

图 3.6.2　Jet Airways 机组标准操作程序（引用自事故调查报告）

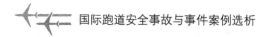

TOGA 接通前推力设置的不对称性导致 1 号发动机以比 2 号发动机更快的速度增加推力。

从时间 23:33:17 到 23:33:34，随着推力的增加，航向从 257 增加到 270。这期间使用了左舵和持续的左刹车。在此期间，23:33:20，2 号发动机推力增加，但落后于 1 号发动机 46%。一秒钟后，2 号发动机的推力进一步增加，但落后于 1 号发动机 47%。这是两台发动机之间 N1 参数差值的最大值。3 秒后，1 号发动机达到基准 N1，2 号发动机达到 89%。

在此期间，还可以看到，在 23:33:25，2 号推力手柄移动到慢车位置，航向持续增加，左刹车持续应用（见表 3-6-3）。

表 3-6-3　从 2 号油门杆收慢车开始的发动机、方向舵及刹车使用

TIME	HDG.	G/S.	N1		TLA		EGT		F/F		RUDDER		BRAKE PRESS	
			1	2	1	2	1	2	1	2	Left	Right	Left	Right
23:33:25	272	29	95	87	75	37	738	684	9264	8000	29		252	38
23:33:26	273	34	95	77	75	39	744	650	9168	6144	29		252	40
23:33:27	275	38	95	66	75	39	750	611	9104	3856	29		252	38
23:33:28	277	41	95	56	75	39	757	576	9056	2384	29		252	38
23:33:29	281	44	95	41	75	36	761	550	9024	1520	29		258	45
23:33:30	288	46	95	38	75	36	765	543	9008	1024	29		241	380
23:33:31	291	47	95	33	75	36	769	538	9024	616	29		739	255
23:33:32	298	47	96	36	76	36	772	531	9024	688	29		770	770
23:33:33	306	47	96	28	76	36	780	525	9254	640	29		922	604

TIME	HDG.	G/S.	N1		TLA		EGT		F/F		RUDDER		BRAKE PRESS	
			1	2	1	2	1	2	1	2	Left	Right	Left	Right
23:33:34	314	44	97	25	77	36	787	518	9472	592	29		1915	370
23:33:35	324	41	98	22	77	36	795	492	9648	192	29		1495	221
23:33:36	334	39	98	19	77	36	808	472	9792	160	29		1129	89
23:33:37	345	37	98	17	78	25	812	431	9874	192	29		611	31
23:33:38	356	37	99	16	78	25	814	421	9952	224	29		160	35
23:33:39	007	34	99	14	81	25	815	414	10000	272	29		899	45
23:33:40	019	34	102	13	82	6	827	408	10208	304	29		1071	28
23:33:41	032	37	102	12	84	6	835	403	10739	336	29		970	15
23:33:42	046	32	102	11	84	6	838	399	10768	384	29		844	31
23:33:43					DFDR stops recording as both start levers are moved to cut-off.									

航向在 8 秒内增加 34°。当 2 号推力手柄移到慢车时，EGT、燃油流量和 N1 减小。这些值在 8 秒内持续减小。方向舵有一个指示左偏的固定值。

2 秒后，自动油门断开，随后右刹车增加。23:33:31，飞机的地面速度为 47 节，这是事故期间地面速度的最大值。此时，两个刹车上的压力增加 2 秒。

可以看出，事故中执行中断起飞程序与波音提供的中断起飞程序不同。

在 23:33:34，1 号油门杆增加了 1°，这导致 N1 增加。1 号发动机的燃油和 EGT 增加。2 号发动机推力手柄处于慢车位置，燃油流量和 EGT 减少。飞机的地面速度相应降低。事故期间记录的左刹车压力最大值为 1915。方

向舵位置显示左偏。此后两秒钟，1 号发动机的发动机参数增加，尽管飞机的地面速度降低。23:33:37，1 号发动机的油门杆角度增加了 1°，这导致 N1 增加。由于油门杆角度发生变化，2 号发动机开始处于反推状态。飞机的地面速度继续下降。2 秒后，1 号发动机的油门杆角度再次增加 3°，这进一步导致 N1 增加。一秒钟后 1 号发动机油门杆角度再次向前增加了 1°，导致 N1 进一步增加，1 号发动机的 N1 达到 102%，这是事故期间记录的最大值。在此期间，2 号发动机反推仍在展开。随着飞机地面速度的降低，2 号发动机的 EGT 和燃油流量继续减少。在 23:33:43，两个油门都移动到切断位置，飞机数据记录器 DFDR 也停止了记录。

调查委员会下载并听取了舱音记录器录音。在对正跑道过程中，飞机以 256 航向对准。当飞机机头穿过中心线标志时，机组进行了目视交叉检查。在按下 TOGA 之前，机长没有按标准操作程序中所述使发动机稳定。TOGA 是在 1 号发动机 40% 和 2 号发动机 28% 的情况下被按下的。将上述 DFDR 分析与 CVR 相关联，机长只有很短的时间作中断起飞的决定。在 23:33:34 至 23:33:42 期间，CVR 清楚地表明机长在控制飞机方面无效。在此期间，1 号发动机的油门杆角度增加可能是由于飞机在粗糙表面上滑动，机长虽然试图关闭油门杆，但无意中将 1 号发动机油门杆向前移动，从而增加了 1 号发动机上的 N1。

DFDR 数据还表明，当飞机在起飞过程中开始向右转弯时，机长试图通过左刹车来纠正。这通过起飞滑跑过程中持续的左刹车操作可以看出来。在整个飞行阶段，减速操纵杆处于落下位置。

5.3　事故的可能原因

当 1 号发动机推力为 40%，2 号发动机推力为 28% 时，机长偏离 SOP（标准操作程序）按下 TOGA，这导致 1 号发动机的推力以比 2 号发动机更快的速度增加，导致飞机向右偏航。在没有及时采取所需纠正措施（包括中断起飞）的情况下，飞机偏离跑道，继续在起伏的地面上以半圆弧线移动，导致飞机严重受损。

四、对于运营人的安全建议

（1）运营人必须向机组人员重申所有简令的重要性，特别是紧急情况简令。第一副驾驶在遵守标准操作程序方面要更加自信。

（2）在激活 TOGA 之前，初始推力应用 40% 后，PM（把杆飞行员）要报告"稳定"。该报告应该暗示两个推力设置应该相同。

（3）运营人的训练部门应将已被定义失效的低速时发动机推力不稳定、不均匀的发动机加速导致的中断起飞及改正措施程序纳入训练。

（4）应强调在所有模拟机培训课程中纳入正确实施疏散和简令工作的重要性的课程内容。

第四章 跑道混淆事故和事件案例

案例一 2006 年美国列克星敦机场
庞巴迪飞机起飞跑道混淆事故

一、事故摘要

2006 年 8 月 27 日，美国东部时间 06 时，Comair 航空公司 5191 航班（机型庞巴迪 CL-600）从肯塔基州列克星敦的蓝草机场起飞时坠毁。机组收到指令由 22 号跑道起飞，却把飞机滑入了 26 号跑道并开始执行起飞程序。由于 26 号跑道的长度只有 22 号的一半，最终飞机冲出了跑道尽头，损毁了机场围墙、树木和地形。

事故造成机长、1 名空乘和 47 名旅客死亡，副驾驶受重伤。飞机被碰撞产生的冲击力和大火损毁。当时飞机正飞往乔治亚州亚特兰大的哈茨菲尔德-杰克逊亚特兰大国际机场。事故发生时，夜间目视气象条件良好。

美国国家运输安全委员会认为这次事故的原因可能是机组在滑行期间未使用可用参考和辅助设施识别飞机位置，并且未核对和验证飞机是否处于正确的跑道上。导致事故的原因是机组在滑行期间开展与工作无关的谈话，造成了位置意识的丧失，以及美国联邦航空管理局（FAA）未要求在所有跑道转换点必须得到特定的空中交通管制（ATC）许可。

调查主要关注以下安全问题：（1）改进驾驶舱程序；（2）应用驾驶舱移动地图的实时定位显示或启用驾驶舱跑道告警系统；（3）提高机场标识标准；（4）修改 ATC 在滑行和准备起飞阶段的规章要求和任务优先级。

二、事故经过

2006 年 8 月 27 日，美国东部时间 06∶06∶35，Comair 5191 航班（庞巴迪 CL-600-2B19，2N431CA），从肯塔基州列克星敦的蓝草机场（LEX）起飞时坠毁。机组收到指令由 22 号跑道起飞，却把飞机滑入了 26 号跑道并开始执行起飞程序。最终飞机冲出了跑道尽头，损毁了机场围墙、树木和地形。

事故造成机长、1 名空乘和 47 名旅客死亡，副驾驶受重伤。飞机被碰撞产生的冲击力和大火损毁。该航班根据美国联邦法（CFR）第 121 部的规定运行，当时飞机正飞往乔治亚州亚特兰大的哈茨菲尔德-杰克逊亚特兰大国际机场（ATL）。事故发生时，夜间目视气象条件良好。

据在 Comair 航空公司作业区工作的地服代理说，机组在 05∶15 登机。地服代理表示，机组当时在闲聊，没有打哈欠，也没有揉眼睛。

机组收集了本次飞行相关文件，包括天气信息、给飞行员的飞行安全通知（NOTAM）、登记号和飞行计划。机组随后前往机坪，那里停着两架 Comair 支线飞机（CRJ）。一名正在对发生事故前的涉事飞机进行安全检查的机坪代理注意到机组登错了飞机并启动了辅助动力装置（APU）。另一名机坪代理告知机组他们登错了飞机。机组随即关闭了 APU，前往正确的飞机。

列克星敦空中交通管制塔台（ATCT）在涉事飞机航前、滑行和起飞准备阶段，分配了一名管制员。管制员负责所有的塔台和雷达位置。

舱音记录仪（CVR）的录音大约从 05∶36∶08 开始。当时机组正在进行正常飞行前准备工作。大约 05∶48∶24，驾驶舱语音记录器（CVR）记录了自动终端信息服务（ATIS）信息"alpha"，告知了 22 号跑道正在使用中。大约 1 分钟后，副驾驶告诉管制员，他接收到了 ATIS 信息。

大约 05∶49∶49，管制员说："放行到亚特兰大机场，经过 Bowling Green，ERLIN2 进港。保持 6000 英尺平均海平面气压（MSL），起飞后无线电频率 120.75。应答器代码 6641。"副驾驶回答："好吧，嗯，Bowling Green 嗯，中间没听清，6000，20.75，6641。"管制员接着重复道："是 ERLIN2，Echo Romeo Lima India November（注：以上是五个单词的通信发音）2 进港。"副驾驶确认到达信息。

大约 05∶52∶04，机长开始与副驾驶讨论飞往亚特兰大由谁操纵。机长把飞机交给了副驾驶，副驾驶接管了。大约 05∶56∶14，机长说，"Comair 标准"（这是滑行简令的一部分），"在空闲的时候做检查单"。

大约 05:56:34，副驾驶开始进行起飞简令，这是发动机启动前检查单的一部分。在简令中，他问："管制说的是哪条跑道……24 吗？"机长回答说："是 22。"副驾驶继续进行起飞简令，其中包括另外三次提到 22 号跑道。在被告知跑道末端标识灯不亮后，副驾驶评论说："前几天晚上我来过，就像……所有地方的灯都灭了。"副驾驶接着说，"让我们换……（滑行道）A。滑行到 22 路线较短。"机长在 05:57:40 说起飞简令完成了。

大约从 05:58:15 开始，副驾驶要求执行发动机启动前检查单上的前两个项目。当机长指出启动前检查单已经完成时，副驾驶问："我们已经完成了？"之后，副驾驶简要介绍了 V_1 为 137 节，V_R 为 142 节。

事故飞机的飞行数据记录仪（FDR）数据大约在 05:58:50 开始。FDR 显示，在事故飞行记录开始前的某个时刻，飞行员的航向设置为 227°，这与 22 号跑道的磁航向相对应。

大约 05:59:14，机长说飞机准备从登机口推出。FDR 数据显示，在 06:00:08 和 06:00:55 左右，左右发动机分别启动。

大约 06:02:01，副驾驶通知管制员飞机已经准备好滑行。管制员随后指示机组将飞机滑行到 22 号跑道。

管制员同时授权飞机不停顿直接穿过 26 号跑道（相交跑道）。副驾驶回答说："滑行 22。"FDR 的数据显示，机长在 06:02:17 左右开始滑行。大约在同一时间，西部航空 6819 航班从 22 号跑道起飞。

大约 06:02:19，机长开始喊出滑行检查单。大约从 06:03:02 开始，副驾驶说"雷达地形显示"和"滑行检查单完成"，他们用打哈欠的声音说话。大约 06:03:38，美国鹰航 882 从 22 号跑道起飞。

从大约 06:03:16 到 06:03:56，机组进行了与飞行操作无关的对话。大约在 06:04:01，副驾驶开始执行起飞前检查单，并再次确认该航班将由 22 号跑道起飞。

FDR 数据显示，大约 06:04:33，机长将飞机停在等待位置，等待进入 26 号跑道。随后，副驾驶通过公共广播系统致辞欢迎旅客，并完成了起飞前检查单。大约 06:05:15，当飞机还在 26 号跑道等待时，副驾驶告诉管制员，"Comair 121 完成起飞准备（副驾驶把航班呼号念错了）"；大约 3 秒后，管制员回答说："Comair（5）191……允许起飞（管制员念航班呼号时省略了"5"这个数字）。"副驾驶和管制员在对话起飞请求和起飞许可期间均未说明跑道编号。FDR 数据显示，大约 06:05:24，机长开始滑行进入 26

号跑道。CVR 记录显示，机长同时开始执行起飞前检查单。

大约 06:05:40，管制员将美国鹰航 882 航班的管制权转交给印第安纳波利斯航路交通管制中心（ARTCC）。FDR 数据显示，大约 1 秒后，Comair 5191 航班开始转向 26 号跑道。

大约 06:05:46，副驾驶确认完成起飞前检查单。

大约 06:05:58，机长对副驾驶说"你操纵"，副驾驶确认，"我控制刹车，我操纵"。FDR 数据显示，当时飞机的磁航向约为 266°，与 26 号跑道的磁航向对应。大约 06:06:05，CVR 录制到一个类似于发动机转速增加的声音。随后，副驾驶说："请设置推力。"机长回答说："推力设置完成。"大约 06:06:16，副驾驶说："真奇怪，没有灯光。"2 秒钟后机长回答说："是的。"

大约 06:06:24，机长喊出"100 节"，副驾驶回答"检查"。06:06:31，机长喊出"V_1，抬轮"，并叫了一声"哇"。FDR 数据显示，喊出 V_1 的时间提前了 6 节，喊出 V_R 的时间提前了 11 节；两次喊出都是在飞机 131 节空速时。FDR 数据还显示，操纵杆在 06:06:32 左右被后拉，飞机以大约每秒 10° 的速率抬轮。

飞机撞上了距离 26 号跑道末端约 265 英尺的护堤，CVR 在 06:06:33 记录到了撞击声。FDR 的空速和高度数据显示，飞机在撞击护堤后暂时起飞，但只爬升到离地面不到 20 英尺的地方。

CVR 在 06:06:33 记录了一名机组一句难以理解的惊呼。FDR 数据显示，飞机在 06:06:35 左右达到了最大 137 节空速。针对这次事故的飞机性能研究表明，当时飞机撞到了距离 26 号跑道尽头约 900 英尺的一棵树。CVR 在 06:06:35 记录了机长一句难以理解的惊呼，录音在 06:06:36 结束。

图 4.1.1 和图 4.1.2 显示了飞机滑行到 26 号跑道并试图起飞的关键事件。

在事故后的一次采访中，管制员说他没有看到飞机起飞。管制员还说，在听到一声声响后，他看到机场西部发生了一场火灾，于是激活了坠机电话（与机场运行中心和消防站的直接通信）。空中交通管制（ATC）的文字记录显示，坠机电话在 06:07:17 左右被激活，机场运行中心的调度员在 06:07:22 左右回复了该坠机电话。根据空中交通管制中心的文字记录，管制员宣布了"警报 3"，并指挥一架刚从 22 号跑道起飞的 Comair 飞机离开 08 号跑道的进近区域，因为该区域正位于机场西侧（也正是 26 号跑道的起飞端）。

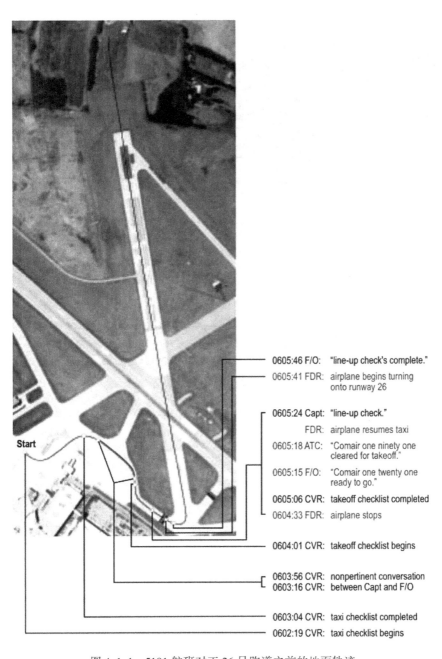

图 4.1.1　5191 航班对正 26 号跑道之前的地面轨迹

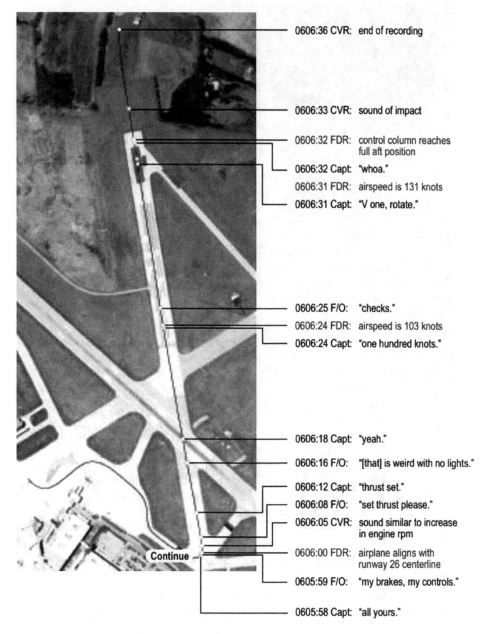

图 4.1.2 5191 航班对正跑道后的地面轨迹

三、分析

1. 概述

机长和副驾驶都根据联邦规定获得了相应的认证和资质。没有证据表明有任何医疗因素或行为状况可能对他们在事故飞行期间的表现产生不利影响。在报告事故飞行之前，机组的休息时间比联邦法规和公司政策要求的休息时间要长。

事故飞机按照联邦规定进行了相应的取证、改装和维护。回收的部件没有显示出任何结构、发动机或系统故障的证据。

天气不是导致这次事故的因素之一。在飞机滑行到跑道和准备起飞阶段，能见度没有任何限制。滑行和准备起飞阶段属于日出前 1 小时的夜间 VMC，没有月光帮助照明。

本分析讨论了滑行和准备起飞阶段的操作顺序、相关的人为因素、幸存因素、降低地面导航错误率的措施、空中交通管制的人员配备，以及其他与事故航班有关的问题。

2. 滑行和尝试起飞的顺序

飞行员试图从飞机获准使用的跑道起飞。第 2.1 节详细说明了导致试图起飞的事件，第 2.2 节考虑了可能在地面导航错误中起作用的飞行员人为因素，第 2.3 节解释了可能起作用的 ATC 人为因素。

2.1 起飞跑道错误

2.1.1 滑行前

《Comair 航空运行手册》指出，机长需要执行滑行简令。简令将纳入 Comair 的标准滑行信息，包括要求两名机组都应该拿出对应的机场图，穿越跑道需格外注意。Comair 标准滑行信息是首次飞行的简要介绍，简称 "Comair 标准"。这次事故飞行是当天飞行员作为机组的第一次飞行，但是，在大约 05:56:14，机长只说了 "Comair 标准"，而非滑行简令中的所有信息，包括滑行到 22 号跑道过程中将穿越 26 号跑道这一信息。这个过于简短的简令违反了公司政策，安全委员会指出，飞行员按照标准操作程序全面进行滑行简令应当是谨慎的。然而，尽管只有这个简短的简令（事故发生前大约 10 分钟），仍存在多项明显线索能够帮助机组导航到正确跑道，且该机场导航任务相对简单。

副驾驶是本次事故飞行的把杆飞行员。大约 05:57:23，他在起飞简令中简要介绍了滑行路线，他说："让我们……通过……［滑行道］A。滑行到 22 号路线较短。"虽然 CVR 没有记录任何一名飞行员明确引用了机场图，但这一说法与副驾驶检查了机场图的说法是一致的，因为没有任何人向机组提供过具体的滑行指示。此外，机组之前在列克星敦机场起飞着陆的次数较少，很可能不足以让任何一人记住滑行道标识和路线。

在起飞简令中，副驾驶说跑道末端的标识灯不亮，说"前几天晚上来过，就像……所有区域的灯都是灭的"。副驾驶指的是他在事故发生前一天 01:40 左右降落在 22 号跑道上时观察到的景象。（当时 22 号跑道与 26 号跑道的交叉口之后，跑道右侧的灯是不亮的。）

副驾驶并没有说明滑行到 22 号跑道需要穿过 26 号跑道。安全委员会无法确定为什么这些信息没有包括在副驾驶的简令中。滑行的简单性和只使用一条滑行道可能使他认为没有必要在他的简令中包含这一额外的信息。在事故后的调查中，其他飞行员表示，他们会以类似的方式说明这一"短滑行"。没有证据表明飞行员不知道到达 22 号跑道需要穿过 26 号跑道。

大约 06:02:01，副驾驶通知管制员飞机已经准备好滑行。管制员随后指示机组将飞机滑行到 22 号跑道。

CFR 91.129（i）第 14 条，"起飞、降落、滑行许可"，允许飞行员被指挥滑行到机场的某个点，穿过滑行路线上的所有交叉跑道（无须停下），但指定的离港跑道除外。因此，管制员对飞机滑行到 22 号跑道的许可符合 CFR 91.129（i）第 14 条，而副驾驶对"滑行到 22 号"的回应是对滑行指示的确认。因为前两架飞机，SkyWest 6819 和美国鹰航 882 航班，被给予了相同的滑行指令，没有任何特殊指令，并且已经正确滑行到 22 号跑道，所以没有明显理由令管制员怀疑飞行员对导航到跑道起飞存在困难。

2.1.2 滑行到跑道

大约从 06:03:16 到 06:03:56，当机长在滑行并进行导航检查时，两名飞行员恢复了在登机口时开始的闲聊。（图 4.1.1 显示了这次谈话发生时飞机沿滑行路线滑行时的位置。）与飞行无关的对话不符合公司程序和 CFR 121.542 第 14 条。制定驾驶舱规则的主要原因是确保飞行员的注意力集中在飞行关键阶段（包括滑行）的操作问题上，不会因为非必要的活动或讨论被干扰。

　　FDR 数据显示，大约 06:04:33，飞机停在 26 号跑道的滑行道 A 上，距离预定目的地 22 号跑道的滑行道约 560 英尺。在此期间，副驾驶正在完成起飞前检查单。大约 06:05:15，副驾驶通知管制员飞机已经做好起飞准备，管制员回复机组飞机获准起飞。在请求和得到起飞许可期间，副驾驶和管制员都没有说明跑道编号，不过空中交通管制中心的程序对此并无规定。由于机组认为飞机在等待起飞时处于 22 号跑道的等待处，因此在起飞请求和起飞等待中没有提及 22 号跑道并不是这次事故的因素之一。

　　飞机停在 26 号跑道上的 50 秒，应该能够为机组提供足够的时间观察驾驶舱外，并确定飞机在机场的位置。在这个位置，机组可以看到 26 号跑道的位置标志，油漆涂刷的跑道号 "26"，26 号跑道的滑行道 A 灯，以及 22 号跑道的位置标志。见图 4.1.3、图 4.1.4。

图 4.1.3　蓝草机场 22 号、26 号跑道局部布局图

　　FDR 数据显示，大约在 06:05:24，机长开始滑行通过 26 号跑道等待线。FDR 数据还显示，大约 06:05:41，飞机开始转向 26 号跑道，而 CVR 显示，大约 06:05:46，副驾驶完成了起飞前检查单。

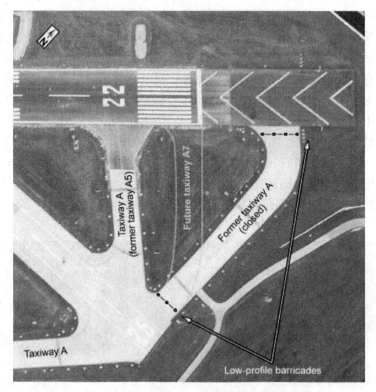

图 4.1.4　蓝草机场 22 号、26 号跑道部分区域放大图

2.1.3　起飞滑跑

大约 06:05:58，机长把飞机的控制权转移给了副驾驶，说"你操纵"，副驾驶确认，"我控制刹车，我操纵"。此时，机长会把注意力从外面转移到驾驶舱内，而副驾驶则会把注意力从驾驶舱内转移到驾驶舱外。大约 2 秒钟后，飞机与 26 号跑道的中心线对齐。

CVR 记录显示，机组在起飞前曾多次将 22 号跑道作为起飞跑道，FDR 数据显示，飞行员的航向被错误地设置为 227°，这与 22 号跑道的磁航向一致。安全委员会得出结论，机长和副驾驶在滑行到 26 号跑道并开始起飞时，都认为飞机当时在 22 号跑道上。

大约 06:06:16，副驾驶说，"真奇怪，没有灯光"。机长回答，"是的"。当时，飞机正在穿过 26 号跑道和 22 号跑道的交叉口。大约 06:06:24，机长进行了 100 节空速检查。大约在同一时间，飞机加速并超过了最大起飞速度，在该速度前，如果机组中断起飞并使用最大刹车，飞机可以停止在可用跑道上。

06:06:31.2，机长喊出"V_1，抬轮"，紧接着又喊了一声"哇"。针对这次事故飞机的性能研究表明，在 V_R 时，飞机距离跑道尽头有 236 英尺。跑道尽头环境的出现将为机组提供一个显著提示，即飞机处于极其危险的情况下，不能停留在地面上。在机长喊出 V_R 时，飞机的空速为 131 节，比计划的 142 节 V_R 空速低了 11 节（机组已经进行过简令并输入了飞机的 EFIS）。因此，机长喊出 V_R 的时间和随后的"哇"惊呼表明，他已经意识到起飞有问题。

FDR 数据显示，作为应对，副驾驶将操纵杆完全拉到底，飞机以大约每秒 10° 的速度抬轮，这是正常抬轮速度的 3 倍。这种异常的操纵杆输入表明，副驾驶也已经意识到起飞出了问题。

尽管有许多线索，包括没有跑道照明，可以表明飞机没有在指定的跑道上，但机组没有正确理解这些线索或注意到这些线索，直到未能成功中断起飞。安全委员会的结论是，机组意识到起飞出了问题，但已超出了飞机可以在剩余可用跑道上停止的范围。

2.1.4　跑道侵入

美国联邦航空管理局目前定义跑道侵入为"任何发生在机场跑道环境中，涉及在地面上的飞机、车辆、人、物品，造成碰撞危险或导致飞机起飞，计划起飞，降落，或计划降落受到影响"。国际民航组织将跑道侵入定义为"机场发生的，任何涉及飞行器或人员，在供飞机降落和起飞的指定保护区内不正确出现的事件"。根据这些定义，国际民航组织将这次事故归类为跑道侵入，但联邦航空管理局不认为这次事故是跑道侵入，因为没有其他飞机妨碍事故飞机的起飞。安全委员会指出，在确定是否发生跑道侵入时，不应考虑跑道上有另一架飞机；相反，作出这一决定的标准，应考虑飞机的运动是否与提供给机组的指令一致。因此，安全委员会得出结论，由于事故飞机在没有许可的情况下滑行到 26 号跑道并起飞，这次事故属于跑道侵入。

在 2007 年 3 月安全委员会的跑道侵入论坛上，美国联邦航空管理局宣布，计划修改其关于跑道侵入的定义以符合国际民航组织的定义，之前的定义将于 2007 财政年度结束，修订后的定义将于 2008 财政年度开始实施。美国联邦航空管理局采纳和应用国际民航组织定义的计划令委员会感到鼓舞，因为跑道侵入统计数据理应反映错误的跑道起飞这一事件，以便准确监测跑道安全趋势，并采取适当的应对措施。

2.2 飞行员人的因素

事故发生当天机组的表现似乎与以往不同。公司同事对机长和副驾驶的描述很好，与他们一起飞行过的飞行员都表示他们是称职的飞行员，他们以前从未表现出过对机场地面程序的操作存在困难。机长被描述为一名能够管理好驾驶舱、遵守标准操作程序、CRM 表现良好的飞行员。副驾驶正在准备升机长，同事们认为他是一名遵守标准操作程序的飞行员，他本将成为一名优秀的机长。

2.2.1 确定滑行路线可用线索和帮助

飞行员整合了许多路线识别信息来源，无论是单独信息还是组合信息，用以确定自己的位置，并导航到机场预定目的地。路线识别信息来源包括所有机场共有的标准机场地面特征地理知识（如航站楼、匝道区域、滑行道和跑道）、标识和识别机场地面特征的标准通用知识、机场图和空中交通管制中心给出的滑行指示。

因为飞行员经验丰富，他们应该了解基本的机场地理特征和标识、地面标记标准（安全委员会未发现列克星敦机场有任何标识或地面标记不符合美国联邦航空管理局规定），飞行员应该能熟练识别机场图。除了他们了解具体路线（到 22 号跑道的滑行道 A）外，飞行员还能获得多种外部线索和特征来帮助他们导航到 22 号跑道，同时没有证据表明他们从挡风玻璃向外看出的视线受阻。事故发生后，据一架 CRJ-100 飞机的飞行员观察表示，在夜间条件下，滑行路线全程可见滑行道位置标识，26 号跑道附近有 26 号跑道等待位置标识，26 号跑道号码可见。此外，有证据表明，在事故发生时，识别滑行路线上的关键标识（即 26 号跑道等待位置标识、26 号跑道滑行道和 22 号跑道等待位置标识）有灯光照明，两名飞行员都能看到。

机组在驾驶舱内也有可用的资源来帮助他们导航到 22 号跑道，包括杰普逊机场图。尽管由于机场正在进行项目建设，机场图和飞行员可获得的外部线索之间存在一些差异，但图表绘制了事故发生时已铺好的滑行道和跑道。

驾驶舱内的另一个可用资源就是仪表，包括航向设置，它被设置为227°，对应 22 号跑道的磁航向。这一航向信息在机组的 MFD 和 PDF 上都有清晰呈现，可以为飞行员提供他们相对于 22 号跑道的方位实时参照。

此外，如果机组在任何时候不确定自己的位置，就应当与管制员进行沟通。然而，CVR 没有记录任何机组在滑行和起飞时不确定飞机在机场位置的声音。CVR 也没有记录任何声音表明机组在开始起飞前曾试图确认飞机在跑道上的位置。

向事故飞行员提供的滑行路线和线索与向在 Comair 5191 航班之前起飞的两架支线飞机（SkyWest 航空 6819 和美国鹰航 882）飞行员提供的指令相同。SkyWest 和美国鹰航的飞行员都使用现有线索顺利导航到了 22 号跑道，即使滑行道标识和图表标签之间存在差异。此外，尽管事故发生时的机场配置已经设置了一周，但安全委员会并未发现在此期间有任何关于列克星敦机场地面导航问题的报告。安全委员会的结论是，机场地面存在足够线索，驾驶舱内存在可用资源，使机组能够从停机坪正确导航到 22 号跑道入口。

2.2.2 飞行前活动和滑行阶段动作

由于飞行员确定路线所参考的线索和辅助并不是这次事故的因素之一，安全委员会检查了机组在飞行前和滑行阶段的动作，以确定造成错误的可能原因。

机组从 Comair 运行中心前往停机坪，那里停有两架 Comair CRJ 飞机。机组最初登上了错误的飞机，尽管用于飞行的飞机尾号包含在飞行资料中，并启动了 APU。虽然这些动作可能消耗了机组在登机口的部分时间，但 CVR 的证据和对地面人员的采访表明，飞行员在完成所需任务时似乎都没有急切或匆忙。例如，第 2.1.2 节所述，CVR 记录了两名飞行员在飞机推出之前和期间进行了与飞行无关的讨论，这表明两名飞行员都很放松。

此外，FDR 数据显示，到跑道的导航是以正常速度进行的，管制员说，飞行员似乎并没有匆忙行事。因此，现有的证据表明，机组并未承受时间压力。

安全委员会审查了 CVR 记录，以评估机组的工作量和在滑行到跑道时的注意焦点。当机长沿着滑行路线驾驶飞机时，副驾驶正在执行起飞前检查单，包括一些必要的额外事项，因为这是该飞机当天的第一次飞行。虽然 FDR 数据显示，滑行只持续了大约 2 分半，但副驾驶有足够的时间来完成起飞前任务。

值得注意的是，副驾驶很有经验，对这些任务，包括每日第一次飞行事项，应该都很熟悉，不会给他造成高工作量负荷。

除了沿着滑行路线驾驶飞机外，机长还将监控副驾驶的操作，并在必要时进行交叉检查。

机长也很有经验，他很擅长将注意力分配在控制飞机、机场导航和监控副驾驶操作上。此外，根据机长的经验水平，对于在机场控制飞机运行只需要花费他很少的精力。

与飞行无关的对话发生在 150 秒滑行时间的第 40 秒（从 06：03：16 到 06：03：56）。这次闲聊的时间点和时长是最显著的证据，证明飞行员当时既没有经历高工作量，也不认为到 22 号跑道的滑行是一项具有挑战性的任务。

然而，人们的注意力有限，当被谈话分散注意力时，信息的实时处理和前瞻记忆（也就是记住之后需要做某事）都会受到影响。

使用 ASRS 数据库进行 20 多年的研究表明，飞行员将与其他机组的社交对话作为一种活动，可以分散飞行员对必须执行任务的注意力。此外，对航路的人为因素研究表明，飞行员对位置评估的任何错误"都可能导致与预期路径的轻微偏离或完全丢失"。此外，主动注意被认为是维持情景意识的必要条件，而将注意力分配到无关事物上可能会降低意识。最后，关于驾驶时分心的研究发现，当司机参与闲聊时，他们不太可能注意到环境中发生的变化，因为参与对话可能会妨碍组建视觉信息。

当机长沿着滑行路线行驶时，副驾驶开始了这场与飞行无关的对话。机长有责任维护他的领导角色，并有指挥权力停止讨论。相反，机长允许对话继续下去并参与其中。此外，副驾驶应该监控机长的行动，并独立评估飞机在滑行路线上的位置，而不是发起与飞行无关的对话。安全委员会的结论是，机组在滑行期间与飞行无关的对话不符合联邦法规和公司政策，这可能导致了他们位置意识的丧失。值得注意的是，CVR 没有记录任何机组关于位置意识丧失的话语。

2.2.3 提示从 22 号跑道起飞的线索

飞机前面的跑道标记——白色中心线和边缘线——会让机长认为飞机已经到达 22 号跑道的等待线，尽管飞机实际上在 26 号跑道的等待线。此外，26 号跑道从滑行道 A 到 26 号跑道的角度与 22 号跑道从滑行道 A（8/26 号跑道以北）到 22 号跑道的角度相同。

此外，滑行道 A 的中心线在 26 号跑道后分成了三条短线。这些延伸的滑行道中心线通向滑行道 A 的封闭部分，穿过 26 号跑道到 22 号跑道，并进入 26 号跑道的中心线（一条引线）。从滑行道直接到跑道的引线的存在可能支持了机长对飞机已经到达起飞跑道的观点。

此外，如第 2.1.1 节所述，副驾驶在起飞简令中告诉机长，"所有区域的灯都灭的"，这是关于他之前 01:40 在 22 号跑道着陆时的观察。副驾驶的话可能使机长认为飞机正在向 22 号跑道滑行，因为他可能预判了一个黑暗的跑道环境。至少，这一句话降低了副驾驶随后的话的重要性，当飞机沿 26 号跑道滑行时，副驾驶曾说过"很奇怪，没有灯光"（机长回答"是的"）。

有一些众所周知的心理概念可以让一个人的错误预判持续下去。例如，当人们在环境中寻找或观察到环境中支持他们感知的元素时，就会出现确认偏差。具体来说，确认偏差源于一种倾向，人们主要是去寻找一种信念的确认证据，而花更少的精力去寻找可以否定这种信念的负面证据。确认偏差会导致一个人坚持持有一个不正确的信念，尽管有相互矛盾的证据。对于机组来说，确认偏差不仅存在于 26 号跑道的等待线，而且存在于跑道的初始段，因为机组没有评估与飞机当时在机场地面的位置相矛盾的证据。

机组得到的线索与 22 号跑道的滑行不一致。这些线索包括 26 号跑道的跑道等待位置标识，26 号跑道的 75 英尺油漆宽度（相对于 22 号跑道的 150 英尺宽），以及 26 号跑道上没有跑道边缘灯和精确的跑道标记（如跑道口标记和着陆区标记）。然而，一旦机组导航到他们认为正确的跑道，他们可能就不会再关注偏差或重视相互矛盾的信息。

1989 年 7 月 17 日，安全委员会发布安全建议 A-89-74，要求联邦航空管理局确保 121 部和 135 部航空公司飞行人员根据运行手册在起飞前交叉检查航向指示与跑道航向一致。1990 年 12 月 11 日，在 FAA 修订 ACOB 8-85-1 以解决飞行员需求后，委员会将安全建议 A-89-74 在起飞前交叉检查航向指示建议的分类为"关闭——可接受的行为"。然而，这些建议并不是强制性的，在这次调查期间，委员会确定 Comair 及其 121 部运营人没有制定程序来积极核实飞机是否在正确的起飞跑道上。

FDR 数据显示，在录音开始前的某个时候，飞行员的航向被设置为 227°，以对应 22 号跑道的磁航向。

当副驾驶开始增加起飞推力时，FDR 数据显示，飞机的磁航向约为 266°，这与 26 号跑道的磁航向相对应。图 4.1.5 和图 4.1.6 显示了当飞机在 26 号跑道的中心线上排队时，机长的 MFD 和 PFD 大致显示，包括航向设置错误和磁航向指示。如图所示，航向偏置了 40°，这提供了一个明显的提示，表明飞机没有在正确的起飞跑道上。CVR 没有记录到机组对航向偏置的任何意识。

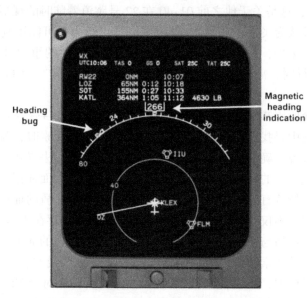

图 4.1.5 多功能显示器（MFD）的显示

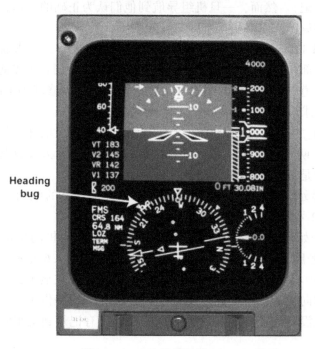

图 4.1.6 主飞行显示器（PFD）显示

确定路线任务包括利用环境和驾驶舱中的辅助线索在飞机预期和实际位置之间进行持续的交叉检查。CVR 没有记录到机组关于需要交叉检查飞机在跑道上的位置的任何讨论。安全委员会的结论是，机组没有意识到他们在错误的跑道上就开始起飞，因为他们在起飞前没有交叉检查和确认飞机在跑道上的位置，他们可能受到了预期偏差的影响。

2.2.4　疲劳

安全委员会通过评估导致疲劳状态发展的先决因素，并检查飞行员已有的性格缺陷，来确定飞行员疲劳是否可能是这次事故的因素之一。

可能导致疲劳状态发展的潜在条件包括慢性睡眠不足、急性睡眠不足、昼夜节律紊乱（在正常睡觉的时间段工作）和醒来后的时间。

机长和副驾驶在事故发生前几天各自的旅行中得到了超过最低要求的休息时间，而他们在事故发生前一周和一个月的飞行和值班时间并不妨碍他们获得充足的睡眠。此外，在事故发生时，两名飞行员都刚醒了大约 2 个小时。

在事故发生前，飞行员的日程安排中有两个因素可能与疲劳状态的潜在发展有关：急性睡眠不足和昼夜节律紊乱。证据表明，两名飞行员在事故前一晚的睡觉时间可能分别为 21:00 和 22:00（在本节稍后讨论），第二天早上醒来的时间大约为 04:15，每个飞行员大约拥有 6 到 7 小时的睡眠时间（相较通常的 8 小时睡眠时间缺少 1 至 2 小时）。缺少 2 小时睡眠会导致简单认知任务的表现略有下降，但这种影响是否会真实发生存在个体差异。

机长和副驾驶在事故发生当天的起床时间是通常的睡觉时间。飞行员的起床时间发生在被称为"昼夜节律转换"期间（03:00 到 05:00），这是一个适应夜间睡眠的人的警觉性和认知能力都下降的时间。

然而，在事故发生时，飞行员已经醒了 2 个小时，这时昼夜节律因素会提高他们的警觉性。

更重要的是，从昼夜节律紊乱的角度来看，副驾驶很可能在 2006 年 8 月 26 日的 02:30 左右睡觉。据他的妻子说，副驾驶在那天早上睡着了。安全委员会无法确定副驾驶睡了多少个小时，但如果他睡了 8 个小时，副驾驶应该在 10:30 左右醒来。有了这个起床时间，副驾驶在给妻子的电话（21:02 结束）后可能很难入睡，因为他只醒了大约 11 个小时。然而，目前尚不清楚这次苏醒会影响事故发生前一晚的睡眠，因为不知道他是否睡足了 8 小时，也不知道 8 月 26 日早上他的入睡时间是否接近他的正常睡眠时间。

虽然有证据表明一些先决条件会加速疲劳的发展，但个体差异的不确定性与飞行员的实际睡眠时间很难评估疲劳的程度。如果机长和副驾驶能够最大限度地利用他们的睡眠时间，他们可能只会因为事故发生前一晚的睡眠时间略有不足（约 7 小时）而经历轻微的疲劳。此外，机组使用的任何咖啡因都可以作为治疗轻度疲劳损伤的有效对策。

有利于疲劳发展的先决条件的缺失或存在，其本身并不足以确定疲劳是否是事故中的一个因素。要将疲劳视为一个因素，性能缺陷需要清楚地识别，并与已知的疲劳影响相一致，并且需要考虑任何支持这些缺陷的其他证据。

在这次事故中，机场导航错误和试图从错误的跑道起飞是机组所犯最严重的错误。其他错误包括机组登上过错误的飞机，副驾驶询问起飞简令中可用跑道并回答 "24"，副驾驶重复了一些在启动发动机检查单时已经完成的动作，副驾驶错误地通知管制员 "Comair 121" 已作好起飞准备。此外，CVR 从 06：03：02 开始，连续记录了两次伴有哈欠声的对话。

CVR 记录还显示，机长纠正了副驾驶的一些错误。例如，当询问正在使用的跑道时，机长说 "22"，并指出发动机启动前检查单已完成。

由于缺乏确定飞行员在事故飞行前的睡眠活动的现有信息，这项调查受到了限制。例如，安全委员会无法确定副驾驶在 2006 年 8 月 26 日早上获得了多少时长的睡眠，或者飞行员是否在 8 月 26 日下午获得了补充睡眠（以小睡的形式），或者飞行员的睡眠时间是否有中断。

此外，委员会也无法获得关于飞行员的睡眠需求或其正常睡眠和清醒模式的可靠信息。

然而，值得注意的是，这两名机组似乎都意识到需要在第二天获得足够的休息。具体来说，每个飞行员在 2006 年 8 月 26 日晚上都给妻子打了电话。机长打给妻子的电话大约在 21：27 结束。机长告诉妻子，他打算去睡觉了。

副驾驶打给妻子的电话大约在 21：02 结束。副驾驶告诉妻子他要早点睡觉。此外，安全委员会还听取了副驾驶在事故发生当天 05：10 打给 Comair 运行控制中心的电话录音，当时他很清醒，很健谈。此外，目击者报告说，飞行员并没有表现出疲劳行为，比如打哈欠、伸展身体和揉眼睛。另外，CVR 证据表明：（1）飞行员既没有退缩或易怒，也没有发表任何关于睡眠不足的声明；（2）两名飞行员都是乐于社交型的人。

安全委员会的结论是，尽管机组在飞行前活动和滑行到跑道时犯了一些错误，但没有足够的证据来确定疲劳是否会影响他们的表现。

以前的疲劳相关事故：尽管没有足够证据支持安全委员会确定疲劳影响了 Comair 机组的性能，但委员会曾引用疲劳损伤作为因素的事故记录，来证明性能缺陷和疲劳对飞行员的影响，且飞行员在飞行前的活动会引发疲劳。例如，在 1999 年 6 月 1 日美国航空 1420 航班的事故报告中，委员会发现，当严重雷暴进入该地区时，机组未能停止飞入机场，也未能确保减速板在航班着陆后放出。委员会还发现，事故发生在机组漫长的工作即将结束时，尽管飞行员在前一天晚上睡了 9 个多小时，但到事故发生时，他们已经连续保持清醒状态至少 16 个小时。根据报告，造成事故的是机组"因疲劳而导致的能力降低"。

此外，在 2004 年 10 月 19 日联合航空 5966 航班的事故报告中，安全委员会发现机组在夜航仪表气象条件下，没有遵循既定程序和正确的非精确进近程序，没有遵循把杆飞行员和监控飞行员之间的职责分工。委员会还发现，飞行员的工作时间表要求他们比正常情况下更早入睡和起床，而且他们在开工前只有 9 个小时的休息时间。事故发生前，机长告诉家人他睡得很差，还有其他飞行员看到机长试图在会议区睡个午觉。事故发生时，机组已经清醒了 15 个小时，工作了 14 个半小时，正在进行当天的第六段飞行。根据该报告，飞行员的疲劳"很可能导致了他们的能力下降"。

与上述小石城及柯克斯维尔这两组事故机组相比，Comair 的机长和副驾驶在事故飞行前分别有超过 13 个小时和 27 个小时的休息时间。此外，事故发生时，Comair 飞行员距起床仅过了 2 小时，工作了不到 1 小时。

2.2.5　驾驶舱纪律

机长负责在驾驶舱内建立基调，以便保持对标准操作程序的遵守，同时防止降低机组的警惕性。然而，正如 CVR 上记录的那样，机长几次告诉副驾驶，"在你空闲的时候"，他的话语表明驾驶舱的气氛随意。当副驾驶告诉管制员飞机准备在他空闲时起飞，他显然听取了这种随意的态度。

根据 Comair 的程序，机长负责在起飞前发起滑行检查单和起飞前检查单，但 CVR 没有记录机长在起飞前正式发起检查单。相反，在副驾驶完成滑行检查单后，机长在大约 1 分钟后说，"在你空闲时间完成"，间接指的是需要在起飞前完成滑行检查单。此外，如前所述，机长进行了一次过于简短的滑行简令，这违反了公司政策，而在飞机处于飞行关键阶段时，机组进行了一次与飞行无关的谈话，这也不符合静默驾驶舱规范和公司程序。简短的简令和无关谈话也是机组随意的驾驶舱气氛的证明。

安全委员会已经讨论了不遵守驾驶舱纪律在其他与机组有关的航空公司事故中的作用。例如，在1987年8月16日西北航空255航班事故的报告中，委员会发现检查单（启动前检查单除外）没有按照公司程序要求或完成，在飞机推出后，机组开始了与任务要求无关的对话，并从任务相关活动转移开了注意力。关于驾驶舱纪律在这些事故中的作用，报告称，"机长有责任监控机组完成其角色职责……他必须为如何提供这些信息定下基调"。该报告进一步指出，在驾驶舱中，一个明确定义的角色结构减少了对每个机组的职责以及何时履行这些职责的模糊性。

此外，航线运行审计（LOSA）数据显示，故意偏离标准操作程序的机组犯其他类型错误的可能性是遵守标准操作程序机组的三倍，管理不善的错误，会令他们发现自己处于更不希望发生的飞机情况下。

安全委员会的结论是，机组不遵守标准操作程序，包括机长简短的滑行简令和两名飞行员的无关谈话，很可能在驾驶舱内造成了不严谨气氛，导致机组出错。

2.2.6 飞行员人为因素总结

即使机场图表和标识之间存在差异，Comair 5191航班的飞行员面临的导航任务——通过滑行道滑行到22号跑道——很直接，本质上也很简单。这项导航任务的主要线索——机场标记和保持等待位置的标识——对机组来说是准确的和可用的。

机组负责在飞行的所有阶段，包括地面操作期间，保持对飞机的积极控制。积极控制的一个重要组成部分是随时知道飞机的位置。事故飞行员一旦获准滑行，就有责任安全操纵飞机到22号跑道。每个飞行员都有经验和专业知识，可以只使用标准的机场标识惯例来成功完成这项任务；也就是说，一旦飞行员发现并识别出滑行道A的标志，他们只需要遵循这些标志和滑行道中心线到22号跑道的跑道等待位置标志。虽然这项任务在夜间条件下比较困难，但当环境和地平线周围特征以及其他线索不容易被探测到时，就应当沿着内部照明的或被飞机的外部照明系统照亮的导航路线上的关键特征行进。

据报道，两名飞行员在事故发生前几天的健康状况良好。

对两名飞行员进行的事故后毒理学测试均未检测到酒精的存在，或任何已知的会影响工作状态的物质。

两名飞行员都被要求在飞行过程中佩戴矫正镜片。

有证据表明，机长在事故飞行过程中佩戴了隐形眼镜，但安全委员会无法确定副驾驶在飞行过程中是否佩戴了矫正眼镜。即使副驾驶没有佩戴矫正镜片，他在滑行到 22 号跑道时确认飞机位置的能力很可能也不会受到影响。有证据表明，两名飞行员都能够在中等距离解读驾驶舱内的特征，并在更远的距离探测到驾驶舱外的物体，飞行员被描述为具有正常的夜视能力。事故发生后，通过对一架 CRJ-100 飞机的观察表明，滑行路线上的任何物体都不会产生暂时的闪烁盲视现象，闪烁盲视现象可能会阻碍飞行员探测标识和地面标记的能力。

如上所述，机组有许多线索表明飞机不在机场正确位置。例如，当飞机停在 26 号跑道等待短线而不是 22 号跑道等待短线时，机组将能够看到 26 号跑道等待位置标志和跑道号码，滑行道延伸穿越 26 号跑道后，可以看见 22 号跑道等待位置标志。此外，当飞机处于 26 号跑道而不是 22 号跑道时，机组将能够看到 26 号跑道的等待位置标志以及跑道宽为 75 英尺（而 22 号跑道宽 150 英尺）。

考虑到机组可以获得的众多线索和导航任务的简单性，安全委员会无法确定为什么机组在错误的等待短线上停住飞机，然后试图从错误的跑道上起飞。然而，如前所述，该委员会认为，这些事件的发生是因为机组在滑行时没有使用机场地面的可用线索，也是因为在起飞前没有交叉检查和确认飞机在跑道上的位置。此外，机组在飞行的关键阶段（滑行操作阶段）进行了一次无关对话，这导致他们失去了位置意识。此外，在飞机到达黑暗的跑道之前，副驾驶提到了跑道的末端标识灯，他说灯在他清晨到达列克星敦机场时是暗着的，而且在机组最有可能阅读的 NOTAM 飞行发布文件中写明，4/22 号跑道中心线灯停止服务。

这并不是第一次涉及错误跑道起飞的事故，因为飞行员没有使用现有的线索来识别飞机在机场的位置，也没有在起飞前交叉检查和核实飞机的位置。例如，2000 年 10 月 31 日，新加坡航空 006 航班事故显示，飞行员没有确认飞机的位置，在滑行路线上飞机转向了错误的跑道，由此得出结论，机组失去了情景意识，从错误的跑道起飞，尽管许多可用的线索提供了飞机在机场的位置信息。然而，事故的最终报告引用一个可能的原因：机组的操作。飞行员没有充分审查滑行路线，以确保他们明白正确的离开跑道的路线需要通过正在建设中的平行跑道，该跑道仅开放用作滑行。

同时，还发生了许多其他的跑道错误事件。

（1）ASRS 数据库显示，从 1988 年 3 月到 2005 年 9 月，有 114 起涡轮

喷气飞机的机组在错误的跑道上等待起飞。ASRS 的报告显示，这些事件中的飞行员，或当时该地区的其他飞机的飞行员，或空中交通管制员在起飞前或起飞后发现了这个错误。此外，2006 年 10 月 30 日，一架阿拉斯加航空的波音 737 飞机从错误的跑道起飞。

根据事故后的采访，管制员指示机组将飞机滑行到位置并保持在 34C 跑道上，但机长认为飞机将从 34R 跑道起飞。在飞机顺利离开 34R 跑道后，管制员通知机组飞机从错误的跑道起飞。

（2）在 2007 年 4 月 18 日，美国联合航空的一架空客 A320 飞机滑行到了 27 号跑道，该跑道处于关闭状态，并非指定的起飞跑道，飞机开始起飞。飞行发布文件中包含的 NOTAM 和机组收到的 ATIS 信息广播显示，27 号跑道已关闭。此外，机组报告说，机场图可用。当飞机沿着 27 号跑道行驶时，飞机的前轮灯照亮了一辆闪灯的卡车。机长和副驾驶说，他们同时观察到了那辆卡车。同时，管制员询问机组，以确定飞机是否在 30 号跑道上。机组中断了起飞，后续飞机继续顺利到达目的地。

Comair 5191 航班的事故和其他错误的跑道起飞事件表明，所有飞行员都容易受到这种错误和其他类型的机场导航错误的影响。即使导航任务非常简单，如果在滑行过程中没有观察到以及考虑可用的线索，并且飞机的位置在预期的跑道上没有得到交叉检查，也有可能因人为错误而造成灾难性的后果。全系统的干预措施，如改进机场标准标识和技术，以提高飞行员在机场导航时的位置意识，可以通过提供关键信息显示，帮助防止机场地面操作过程中的人为错误。第 2.4 节将进一步讨论这些干预措施。

此外，安全委员会还十分关注，静默驾驶舱纪律的破坏引发的一系列事件导致了这次事故的发生。飞行员在破坏静默驾驶舱程序方面的行为，特别是他们在滑行阶段的无关谈话，与其他人对他们以往工作态度的报告不一致。事故发生前两天，一名与机长一起飞行的副驾驶称机长的静默驾驶舱纪律非常好，并表示，在一次飞行时机组座有新学员跟飞，机长还向他介绍了静默驾驶舱纪律。副驾驶也被描述为一名有良好的静默驾驶舱纪律的飞行员。

2006 年 2 月 7 日，安全委员会发布了安全建议 A-06-7，这是委员会对联合航空 5966 航班事故进行调查的结果。安全建议 A-06-7 要求联邦航空管理局指示所有 14 CFR 第 121 部和 135 部运营人再次强调严格遵守静默驾驶舱规则的重要性。此外，委员会注意到，静默驾驶舱违规行为属于可通过 LOSA 审计的观察检测到的故意不遵守规章行为之一。2007 年 1 月 23 日，针对 2004 年 10 月 14 日顶峰航空 3701 航班事故的调查报告，委员会发布安全建议 A-07-9，要求联邦航空管理局要求所有 14 CFR 第 121 部运营人纳入它们的监督程序定期接受 LOSA 审计，并根据审计结果给出改进方案。

2.3　空中交通管制员的人为因素

在两个不同的时间段，管制员从塔台可以看到机组的跑道混淆错误。第一次发生在飞机在 26 号跑道上短暂停留了 50 秒，从 06:04:33 到 06:05:23，期间，副驾驶报告飞机已作好起飞准备，管制员给出了起飞许可。飞机获准滑行到 22 号跑道，机组也未被要求在 26 号跑道附近停下来。如果管制员在给出起飞许可之前注意到飞机已经停在了那个位置，管制员可以询问机组，发布额外的滑行指示，或者密切监控飞机的后续进度。管制员在事故后的声明表明，他没有注意到飞机停在 26 号跑道附近。因此，他错失了一个防止机组导航错误和随后在错误跑道起飞的机会。

第二个时间段持续了 28 秒。它开始于 06:05:56，飞机开始进入 26 号跑道，结束于 06:06:24，飞机加速超过最大中断起飞速度，在到达该速度之前，如果机组中断起飞并使用最大刹车，飞机仍可以保持在可用的跑道上。在此期间，飞机的运行与管制员提供的许可不一致，这是机组缺乏位置意识的明显标志。如果管制员一直在塔台监控飞行，他可以通过提醒机组飞机在错误的跑道上，或者之后指示他们中断起飞来解决情况。管制员没有采取任何操作。管制员表示，他没有看到飞机进入 26 号跑道，也没有看见飞机开始起飞抬轮，因为他已经转身完成交通量计数，这是一项行政记录工作任务。

安全委员会检查了可能的原因，为什么管制员没有在第一次的 50 秒内注意到机组的导航错误，也就是事故发生前大约 2 分钟，或在第二次的 28 秒关键期，即事故发生前大约 39 秒。

2.3.1　飞机停在错误跑道上的关键时间段

在事故发生当天，所有列克星敦塔台和雷达岗位被合并，并有一名管制员工作。因此，管制员不得不将注意力在塔台任务和雷达任务之间切换。管制员的塔台职责包括控制飞机在机场起飞和降落期间的操作，他的主要视觉信息来源是机场的视野。管制员的雷达职责包括控制机场周围空域的飞机，他的主要视觉信息来源是 DBRITE 设备，它安装在当地管制位置的塔台控制室窗户下面。尽管需要在这些任务之间分散注意力，但此时管制员的工作量并不过分。

当 Comair 5191 停止在 26 号跑道等待线时，管制员刚刚从印第安纳波利斯 ARTCC 交通管制处获得起飞许可（塔台任务），在 ARTCC 的列克星敦区域管制处协调改变了 SkyWest 6819 航班的航向（雷达任务）。在 Comair 停止滑行后，管制员花了 8 秒时间引导美国鹰航 882 航班（一项雷达任务）。在接下来的 34 秒内，没有发生 ATC 通话。Comair 航班的副驾驶随后要求获得起飞许可。管制员立即给出了起飞许可（塔台任务），副驾驶重复了许可。大约 2 秒后，当 Comair 飞机开始加速时，管制员询问美国鹰航的机组，他们是否满意飞机当前航向，还是想要一个新的航向来避开天气（一项雷达任务）。

同时执行任务需要注意力的分散。一些并发任务可以同时执行，但当并发任务需要利用不同来源的视觉信息，它们需要一个人选择性地注意，这涉及注意力转换之间的信息来源与每个任务更新的信息记忆。

管制员在执行与雷达相关的任务时面临着某些考虑。例如，因为 SkyWest 和美国鹰航将使用相同的路线和空域离港，管制员需要确保这些飞机间隔至少 10 英里（按照列克星敦 ATCT 和印第安纳波利斯 ARTCC 之间的协议）。此外，SkyWest 机组要求在列克星敦以西 10 英里的降水区域进行偏离，管制员的通信表明，他预计美国鹰航机组可能会有类似的偏离要求。管制员知道，如果提出了这个请求，他将不得不与印第安纳波利斯 ARTCC 的列克星敦区域管制协调另一个航向改变。这些考虑增加了管制员的需求，即他将需要来自 DBRITE 的信息来管理他这些方面的雷达职责，使他在 50 秒的关键期内提升了检查 DBRITE 的频率。然而，与管制员的雷达任务相关的工作量并不会阻止他定期向外观察塔台外的情况。

相比之下，当时管制员的塔台职责已经变得相对简单。因为管制员已经获得了 Comair 航班的起飞许可，并为机组提供了滑行到 22 号跑道的许可（副驾驶确认了这一点），余下需要执行的唯一塔台任务就是指挥飞机起飞。管制员不需要经常查看跑道环境来执行这项任务，因为机组会在飞机准备起飞时通知他，那时管制员会去观察跑道。因为 Comair 飞机在滑行时没有其他交通工具会在机场地面造成冲突，管制员认为不需要通过经常扫描跑道环境来获取有用信息，这也降低了他在 50 秒关键期观察塔台窗外跑道环境的可能性。安全委员会得出结论，管制员没有注意到机组将飞机停在了错误的跑道，因为他没有料想过任何与飞机滑行到正确跑道相关的问题，因此相比塔台任务管制员更关注他的雷达任务。

列克星敦 ATCT 事故后观察显示，从管制员的工作站，看到 CRJ-100 飞机是否位于 26 号跑道 A 滑行道上的等待处，或 22 号跑道等待处有些困难，因为（1）接近管制员的视野的是新的滑行道布局；（2）能见度降低了地面视景清晰度，而有助判断的景象的位置都超过了 15 到 20 英尺。虽然管制员已经在塔台工作了 17 年，可能已成为识别飞机位置的专家，但使用滑行道 A5（重新指定为滑行道）到达 22 号跑道入口是新配置，事故发生时，跑道已经改变且重新指定滑行道只有 1 周（距管制员接受培训 4 周）。这些因素会使管制员更难确定飞机的确切位置。

此外，管制员不需要在飞机起飞前确定飞机已经到达起飞跑道，他只需要确定飞机的位置与滑行指令是一致的。当机组在 26 号跑道等待时，飞机所处的位置与滑行指令相符。管制员报告说，他没有看到飞机停在那个位置。即使管制员当时看到了飞机，并注意到它没有移动，对跑道环境的简短扫视也不会告诉他飞机是短暂停留还是更长时间。然而，如果管制员一直监控着飞机在滑行路线上的进展，他可以观察到飞机在跑道附近的地方停了下来。

2.3.2 关键时间段正在执行的管理任务

在列克星敦管制员批准 Comair 5191 航班起飞后，他告诉美国鹰航 882 航班联系印第安纳波利斯 ARTCC。根据空中交通管制的记录，美国鹰航交接给印第安纳波利斯 ARTCC 发生在 06：05：40。大约在那个时候，Comair 5191 航班，唯一由管制员负责的飞机，转向 26 号跑道，还没有偏离滑行许可。管制员的下一个主动任务将是与 Comair 航班建立联系，并提供起飞服务（雷达任务），但他应该没有预期在大约 1 分钟内完成这项任务。在主动控制任务中，这 1 分钟的停顿使管制员在注意力分配方面有了更大的灵活性。

管制员说，在将美国鹰航航班移交到印第安纳波利斯 ARTCC 后，他开始了综合交通计数，这是一项行政记录任务。列克星敦机场的标准操作程序是每小时进行交通量计数。然而，管制员表示，他通常会在整个夜间持续积累飞行进度条，并在轮班快结束时进行一次交通量计数。管制员估计，交通统计需要 2 到 5 分钟才能完成。

管制员希望在 06：30 由白班管制员接替，所以他很可能想在那时完成交通量计数。然而，由于这项任务对飞行安全并不紧急或至关重要，而且白班管制员预计会在 20 分钟内到岗，因此事故管制员可能会推迟执行交通量计数，直到他将该航班交接给印第安纳波利斯 ARTCC。如果管制员监控了 Comair 航班的起飞，他很可能会发现，在 28 秒关键期，机组偏离了滑行和起飞指令，他可以向机组告警他们的错误，就可能阻止了事故的发生。

与空中交通管制员类似，飞行员也必须对重叠的任务进行优先级管理，而不适当的任务优先级管理经常被记录为飞机事故和事件的因素之一。任务优先级在高工作量条件下可以失效，但管制员的工作量在事故发生前1分钟相对较轻。因此，安全委员会考虑了其他可能影响任务优先级确定的因素，以理解管制员执行管理任务的决定，而不是监控飞机。研究表明，并发任务的优先级受到程序需求的强烈影响，在特定时间执行的任务往往比非必需的任务获得更高的优先级。管制员不需要监控该航班的起飞或执行交通计数。由于缺乏程序要求，管制员的优先注意事项将基于其他因素决定。研究表明，其他影响任务优先级的因素包括任务的重要性、对其当前状态的可接受性和完成的容易性。管制员假设地面导航错误的可能性很小。

　　在事故发生之前，没有飞机试图在26号跑道起飞，管制员也没有理由怀疑机组会试图这样做。机场地面没有其他交通工具造成冲突，因此发生地面碰撞的可能性极低。因此，管制员很可能认为监视起飞的重要性很低。此外，管制员的事故后声明表明，他没有采取尽可能持续监测起飞的做法。

　　因为管制员在轮班结束时执行流量计数，而不是每小时执行一次，所以这个任务的状态已经成为一个问题。管制员的工作快结束了，需要完成这项工作才能解除值班任务，他认为这样快速而容易。虽然管制员决定当时需要执行交通计数，但该管理任务的执行与安全没有直接关系。在机场运营过程中可能会发生意外的危险事件，例如本次事故，管制员监控可以为此类事件提供重要的冗余安全保护。

　　安全委员会得出结论，管制员没有察觉到机组试图在错误的跑道起飞，没有监测到飞机的离场，他当时执行着低优先级管理任务，直到他对飞机的责任转移到下一个空中交通管制职责处之时。

　　2007年4月10日，安全委员会发布了安全建议A-07-34，要求美国联邦航空管理局要求所有空中交通管制员完成由教员带教的资源管理技能的初始培训和复训，以提高管制员的判断力、警惕性和安全意识。2007年7月13日，美国联邦航空管理局表示，它已经为几个ATCT和TRACON提供了CRM研讨会、海报和后续支持。联邦航空管理局还表示，2007至2009财政年度的CRM实施计划包括出错"比例"最高的航站楼和航路中的设施的教员主导培训，以及对联邦航空管理局学院和学院培训计划项目中的初始员工的CRM培训。美国联邦航空管理局表示，它将在初步和定期培训管制员的基础上制订进一步计划。

令安全委员会感到鼓舞的是，联邦航空管理局已经为一些空中交通管制设施提供了 CRM 培训，但委员会担心可能不会面向所有管制员，包括那些在较小机场的管制员（如列克星敦）。委员会还对联邦航空管理局计划在错误率最高的航站楼和航路中的设施进行定期 CRM 培训表示关注。联邦航空管理局需要确保所有管制员（而不仅仅是那些错误率最高的地点）接受初始训练和复训。在此操作之前，安全建议 A-07-34 的任务类别被归类为"开放——可接受的行为"。

2.3.3　疲劳

如第 2.2.4 节所述，可能导致疲劳状态发展的潜在条件包括慢性睡眠限制、急性睡眠不足、昼夜节律紊乱和睡醒后的时间。管制员报告的 2006 年 8 月 24 日至 26 日的工作时间和睡眠模式，并不表明存在慢性睡眠限制，但它们表明存在急性睡眠不足、昼夜节律紊乱和睡醒了很长时间。

管制员报告说，2006 年 8 月 26 日，他在 05：40 醒来，从 06：30 工作到 14：30，大约在 15：30 到 17：30 之间午睡（他小睡时的睡眠质量被描述为"不太好"）。因此，管制员在事故发生前的 24 小时内睡了大约 2 个小时（远远少于大约 8 个小时的常规睡眠时间），而且他已经连续清醒了 12 个多小时。此外，管制员的生物钟应该在夜间睡觉，事故发生在他正常睡觉的时候，且因昼夜节律因素会降低警觉性的时候。由此可见，管制员最近的工作时间和睡眠模式表明，在事故发生时，他可能正在经历一些疲劳。然而，对 ATC 录音的回顾发现，管制员在整个轮班期间（包括那些涉及 SkyWest、美国鹰航和 Comair 航班的通话）是迅速和专业的。审查还发现，管制员在通信过程中没有打哈欠，也没有犯任何措辞错误（除了没有通知机组 8/26 号跑道以北的滑行道 A 已关闭，如第 6.2 节所述）。

然而，将每天的睡眠时间减少 2 小时会导致认知能力略有下降，而更大的睡眠限制会产生更显著的影响。疲劳倾向于增加对单个任务或元素的专注，减少扫视，增加警惕性错误，损害决策，并降低对自己表现退化的意识。这些影响往往会对并发任务的表现产生负面影响。

如第 4.4 节所述，美国联邦航空管理局现有的发出起飞许可的程序允许管制员在飞机穿过交叉跑道之前发出起飞许可并扫视跑道环境。此外，如第 4.5 节所述，联邦航空管理局没有明确要求管制员监控飞机起飞期间的政策，或明确规定要求管制员优先监控起飞而非管理任务的政策。美国联邦航空管理局第 7110.65 号令"空中交通管制"规定，对安全最重要的行动应该首先执行，但这一政策给个体管制员留下了大量的解释。

管制员没有监控起飞的习惯。管制员说，他在飞机起飞时监控飞机的决定取决于交通间隔和他必须执行的其他任务。根据这一声明，管制员决定在 Comair 5191 航班起飞时执行交通计数，这可能与他监控起飞飞机的正常做法相一致。

安全委员会得出结论，管制员在事故发生时很可能已经疲劳，但疲劳程度是否影响了他不监控飞机起飞的决定目前无法确定，部分原因也可能是他日常就没有始终监控起飞的习惯。安全委员会进一步得出结论，美国联邦航空管理局在事故发生时的操作政策和程序存在缺陷，因为它们没有促进管制员对飞机地面操作的监控。

2007 年 4 月 10 日，安全委员会向美国联邦航空管理局发布了安全建议 A-07-30 和-31，以解决疲劳对空中交通管制员性能潜在影响的担忧。安全建议 A-07-30 要求美国联邦航空管理局与 NATCA 减少潜在的管制员疲劳：（1）修改管制员工作调度政策和实践提供足够长的休息时间为管制员获得足够的恢复性睡眠；（2）修改轮班制度以减少中断睡眠模式，降低睡眠债务的积累，提高认知能力。安全建议 A-07-31 要求联邦航空管理局为参与调度管制员操作任务的人员制定疲劳意识和对策培训计划，解决管制员的疲劳发生率、疲劳原因、疲劳对管制员性能和安全的影响，以及使用个人策略减少疲劳的影响性。

2007 年 7 月 5 日，美国联邦航空管理局对安全建议 A-07-30 和-31 作出了回应。美国联邦航空管理局表示，它已经召集了一个工作组，以制定轮班和日程安排的指导方针，并将邀请 NATCA 参加该小组。

美国联邦航空管理局还表示，它将在 12 个月内制定，并实施疲劳意识和对策培训计划，供所有联邦航空管理局空中交通组织运营服务单位使用。等待（1）指导管制员工作调度政策和实践，为管制员提供足够长的休息时间以获得足够的恢复性睡眠和（2）轮班的修改，减少中断睡眠模式，降低睡眠债务，提高认知能力，安全建议 A-07-30 分类为"开放——可接受的反应"。在制定和实施参与管制员调度的人员疲劳意识和对策培训计划之前，安全建议 A-07-31 被归类为"开放——可接受的反应"。

2.3.4 空中交通管制员的人为因素总结

同时进行的雷达和塔台任务发生在关键期，当时管制员本可以注意到，但没有注意到飞机停在 26 号跑道附近。在管制员将美国鹰航 882 航班的管制权移交给印第安纳波利斯 ARTCC 之后，他没有任何进一步的主动雷达任务。然而，在移交后，管制员执行了一个管理任务——交通统计——而不是监控 5191 航班的起飞。在关键期开始之前，管制员已经在塔台控制室里转身执行该任务了。当时，飞机还没有偏离已发布的许可。然而，在关键期末端，飞机加速超过了最大起飞空速，而在此之前如果机组中断起飞并使用最大刹车，飞机仍可保持在可用跑道上。因此，在这一点上，管制员错过了最后的机会来注意到机组的错误，从而采取行动防止事故发生。

管制员很可能认为监控 Comair 航班起飞的重要性很低，因为他认为几乎没有机会出现地面导航错误，而且机场地面没有其他交通工具会造成冲突。另一方面，管制员很可能认为当时的交通计数处于一个更高的优先级，因为他即将结束他的班次，需要完成任务后才能解除值班。管制员没有适当地排列他的任务优先级，因为交通计数与安全没有直接关系，但监控起飞将提供一个重要的安全保护。

由于其职责的性质，管制员被期望能够适当地确定任务优先级并执行并发任务。一些管制员可能没有意识到，他们的监控工作在提供一个冗余的安全保护，以防止意外的机组错误和其他飞行安全威胁。这个问题将在第 4.4 节中进一步讨论。

管制员最近的工作时间和睡眠模式表明，他在事故发生时很可能已经感到疲劳。此外，这次事故的情况表明，任务优先级排列可以通过修改现有联邦航空管理局指南中的职责优先级进行改进，这样他们能够明确优先实施直接关乎飞行安全效益的积极控制任务，如监控起飞和着陆飞机，这类任务优先级将高于行政记录任务，如交通计数。这个问题将在第 4.5 节中进一步讨论。

3. 幸存因素

3.1　撞击结果和损伤情况

飞机与距 26 号跑道起飞端约 265 英尺的护堤发生撞击，飞机暂时离地。在护堤前没有发现飞机残骸（除了一个主起落架门），这表明在此之前飞机的结构完好。在距离跑道尽头约 620 英尺的地方发现了左侧主起落架和前起落架。然后飞机再次在空中飞行，驾驶舱和左翼撞到了距离跑道末端约 900 英尺的一组树木。这一撞击导致驾驶舱破裂，左侧油箱破裂，使燃油和空气混合物点燃。随后，飞机撞击了距离跑道末端约 1250 英尺的地面，飞机在地面留下的痕迹证明了这一点。

飞机随后滑行了 400 英尺，撞上了两棵直径很大的树木。撞击损坏了客舱，将其分成两部分，并有大量燃油、燃油蒸汽和火焰进入客舱。机身在停下来前又前行了 150 英尺。飞机结构继续燃烧，大火最终烧毁了整个机身和机舱内部。

同时撞击两棵大直径树木造成了大量钝器致命伤害。其中一次撞击树木发生在机身左侧主舱门后几排。另一次撞击树木发生在左内侧机翼与机身相连的区域。这棵树撞破了左翼油箱和左翼出口区域的机舱，在飞机继续滑行时穿透机舱，并从机尾右侧脱离。

机长的尸体在客舱的前方区域被发现。机长所受钝器伤害的严重性使他无法在事故发生后采取任何措施。机长（和他的座位）在撞击过程中被震离了驾驶舱。

副驾驶被发现在他的座位上，由座位的安全带系统固定。如第 3.2 节所述，他从事故现场的驾驶舱残骸中被救出，送往医院。

空乘人员的尸体在他的机组座位附近被发现。他的尸检报告和机舱前方几名旅客的尸检报告显示，相对没有钝力伤害，但有烟雾吸入。这些发现表明，这些旅客在撞击中幸存下来，但死于坠机后的火灾和烟雾。现在已无法确定这些受害者存活的时间长度，但值得注意的是，所有这些受害者都在他们的座位附近被发现。

几名坐在机舱左前部的旅客在机舱的右尾部被发现，彼此靠近。很可能是第一次撞击树木导致这些旅客和他们的座位被移位。这些旅客大多遭受了致命的钝器伤。大多数旅客坐在 7 到 9 排（机翼出口排及其前后），左翼油箱被树木刺穿引发了燃烧，燃油、燃油蒸汽和火焰进入机舱立即造成了他们的死亡。在机身左侧的机舱外发现了两名旅客。

这些旅客遭受了致命的热损伤，没有遭受严重的钝器伤害。有证据表明，当飞机停下来时，这些旅客很可能被抛到了外面（通过树撞击机尾造成的机身断裂）。坐在机尾客舱内的几名旅客遭受了一些钝器伤，大多数旅客显示有吸入烟雾的迹象。虽然不可能确定这些旅客存活的时间长短，但需要注意的是，所有旅客都是在他们座位附近被发现的。

3.2 应急响应

根据这次事故的飞机性能研究显示，飞机在 06:06:35 左右撞上了机场西部的树木和地形。事故造成的声响花了大约 5 秒才传到塔台。管制员说，在听到这些声响后，他看到机场西边起火了。空中交通管制记录显示，管制员在 06:07:17 激活了坠机电话。因此，从可以在塔台内听到事故声响到管制员启动坠机电话，大约经过了 37 秒。在这段时间里，管制员不得不转身查看塔台控制室的窗外评估情况，并认识到尽管飞机已经获准从 22 号跑道起飞，但飞机实际位于 26 号跑道的起飞端。空中交通管制的记录显示，机场消防部门在 06:07:22 接到了坠机电话。根据空中交通管制中心的文字记录，管制员宣布了"三号警报"，并表示一架 Comair 飞机位于机场西侧，处于 8 号跑道进近端附近。通过提供有关飞机状态和位置的清晰和准确的信息，管制员的行动符合列克星敦 ATCT 的标准操作程序和机场委员会关于紧急通知的协议程序。

第一批到达现场的应急救援人员是一名列克星敦公共安全官员和一名来自列克星敦市的警察。他们在接到事故通知后约 5 分半钟到达（彼此独立）事故现场附近，尽管在事故现场附近的高大植被影响了能见度，但他们仍在 3 分半钟内到达机身旁。第一辆 ARFF 车辆根据另一名列克星敦公共安全官员（他目前在事故现场附近，但尚未到达现场）提供的路线信息，在警报 3 发出大约 11 分钟后到达现场。这条路线是到达事故现场最有效的直接路线。

这辆 ARFF 车辆立即开始灭火，并扑灭了大部分火势。第二辆 ARFF 车辆随后不久到达了现场，并开始了新一轮的灭火行动。列克星敦机场运行中心的事故报告显示，火情在第一辆 ARFF 车辆到达现场约 3 分钟后得到了控制。ARFF 负责人助理（他乘坐第一辆 ARFF 车辆到达现场）说，在自己到达飞机旁时，它的顶部就已经不见了，它的侧面大部分都不见了。其他急救人员报告说，在他们到达现场时，机舱内部已经完全被摧毁了（即完全着火了）。

列克星敦公共安全官员和来自列克星敦市的警察将副驾驶从驾驶舱残骸中解救了出来。另一名列克星敦公共安全官员和列克星敦市警官用运动型多用途车将副驾驶送往医院，而不是等待救护车。这位列克星敦公共安全官员估计，他们在 06:30 之前到达了医院（距离事故现场约 7 英里）。由于副驾驶在事故中遭受了严重的创伤，他必须迅速被送往创伤中心并立即接受治疗。安全委员会的结论是，副驾驶的幸存直接归因于第一批应急救援人员的迅速到达，他们把他从驾驶舱残骸中解救出来的能力，以及他被迅速送往医院并在医院立即接受了治疗。安全委员会进一步得出结论，对这次事故的应急反应是及时且协调良好的。

3.3 幸存因素总结

安全委员会对有幸存可能的事故定义如下：通过座位和安全带系统传递给旅客的事故破坏力不超过人类可承受的突然加速极限，而旅客所处环境保持完好的结构在某种程度上为旅客提供了支撑力。

机长和因树木撞击而遭受致命钝器伤害的旅客，显然是在飞机上时撞击传递给旅客的力量超过了人类所能承受的限制。机舱大翼区域的大部分旅客没有受到类似的力，然而，撞击引发的大量燃油、燃油蒸汽和火焰进入机舱，使这些旅客也立即死亡。空乘人员和客舱前后区域的大部分旅客也没有经历超过人类承受极限的撞击力量，并在不确定的时间内仍旧留有存活空间。如第3.1节所述，空乘人员和这些旅客被发现离他们的座位都很近。由于冲击力没有超过人类的承受度，一些旅客保持了生存空间，使得这次事故有部分幸存者。然而，由于坠毁后引发的火灾和烟雾，飞机内的环境迅速恶化，没有足够的时间或措施撤离。

4. 努力减少机场地面操作错误

地面操作错误，包括那些导致错误跑道起飞事件的错误，可以通过几种方式减少，如改进驾驶舱程序，实施驾驶舱移动地图显示或驾驶舱跑道警报系统，改进机场地面标识标准，以及空中交通管制政策的改变。在第4.1至4.5节中讨论的这些全系统范围的干预措施，可以提供必要的冗余，以减少地面作业期间人为错误的机会，如果发生错误，在它变成灾难之前停止它。这些干预措施还有助于防止跑道侵入，这是安全委员会的头号关注点、运输安全待改进名单上的一个问题。

4.1 飞机驾驶舱程序

精心设计的飞行驾驶舱程序可以作为对抗地面操作错误的有效对策。在这次事故发生后，安全委员会认识到有必要提高行业标准，以确定飞机起飞前在起飞跑道上的位置，并于2006年12月12日发布了安全建议A-06-83。这项建议要求美国联邦航空管理局规定所有121部运营人制定程序，飞行驾驶舱里的所有机组在越过等待线起飞之前，必须积极确认和交叉检查飞机在指定起飞跑道上的位置。

2007年4月16日，美国联邦航空管理局发布了SAFO 07003，"确认起飞跑道"，以回应安全建议A-06-83。根据SAFO的说法，其目的是强调实施标准操作程序和对机组进行培训的重要性，以确保飞机在预定的跑道上。

SAFO 07003的目标群体是安全总监、运营总监、部分项目经理、培训教员和飞行员。SAFO表示，飞行员在越过等待线和起飞之前，应积极地确认和交叉检查起飞跑道和飞机在指定的起飞跑道上的位置。SAFO进一步指出，应建立、实施飞机特定的标准操作程序，并得到飞行培训的支持，利用所有可用资源来确认和交叉检查飞机的位置。SAFO提到，这些资源包括航道罗盘（HIS），它可以确认飞机的位置是机组计划的位置，以及空中交通管制员，他们可以帮助在滑行阶段或等待线上确认飞机的位置。

美国联邦航空管理局重新强调了交叉检查和确认飞机在跑道上位置的重要性，这让安全委员会受到鼓舞。委员会还注意到，SAFO 06013 "提高起飞前和起飞安全的机组技术和程序"讨论了在滑行操作中提高安全的培训和程序问题。该 SAFO 参考了 AC12074A，"第 91、121、125 和 135 部飞行机组程序"，其中概述了地面作业的最佳操作。AC 指出，这些最佳操作包括无干扰驾驶舱程序，防止人为错误，以及程序上最大限度地确保两个飞行员都有 "抬头观察" 的时间，以提供必要的冗余。

美国联邦航空管理局发布的 SAFO 07003 解决了安全建议 A-06-83 的意图。然而，根据定义，SAFO 只是咨询，建议要求联邦航空管理局要求所有 121 部运营人建立程序，要求机组在越过等待线起飞之前，对飞机在指定起飞跑道上的位置进行积极确认和交叉检查。此外，委员会对第 121 部运营人的调查发现，许多运营人没有包括 2006 年 9 月发布的 SAFO 06013 中建议的程序。如果联邦航空管理局调查发现所有 121 部运营人都实施了推荐的程序，SAFO 指导可能是对委员会建议的可接受的替代回应。

由于决定是否实施 SAFO 取决于运营人，而且由于 SAFO 07003（以及 SAFO 06013）中的信息被要求并扩展到 91K 和 135 部运营人，安全建议 A-06-83 被分类为 "关闭——可接受可替代的动作/可替代"。此外，安全委员会得出结论，要求 91K、121 和 135 部飞行员在交叉检查之前确认他们的飞机位于正确的跑道，这将有助于提高飞行员在地面操作期间的位置意识。因此，安全委员会认为，联邦航空管理局应要求所有 14 CFR 的 91K、121 和 135 部运营人建立程序，要求飞行驾驶舱里的所有机组在穿越等待线起飞前积极确认和交叉检查飞机在指定起飞跑道的位置。这一要求的指导应与 AC 120-74A 和 SAFO 06013、07003 中的指导相一致。

此外，在事故发生后，安全委员会也认识到有必要提高有关在未亮灯的跑道上进行夜间起飞的行业标准。因此，在 2006 年 12 月 12 日，委员会发布了安全建议 A-06-84，要求美国联邦航空管理局要求所有 121 部的运营人为飞行员提供关于夜间起飞操作的跑道照明要求的具体指导。

2007 年 5 月 11 日，美国联邦航空管理局发布了 InFO 07009，"121 部夜间起飞需要的跑道灯"。该 InFO 指出，尽管机场和跑道的照明不同，但根据 121 部运行的飞行员需要了解以下几点：（1）飞行员不应在夜间没有灯光的跑道上起飞；（2）飞行员必须检查 NOTAM 中关于跑道灯和滑行道灯的信息，跑道是否关闭；（3）飞行员必须考虑相关问题，因为跑道灯关闭不一定会使机场关闭跑道，或者即使跑道灯完全投入运行，跑道也可能无法使用。InFO 建议 121 部安全主管、运行主管、教员和飞行员合作，让机组清楚地理解以上三点，并将这些要点写入飞行员操作手册、训练计划和任何夜间起飞的计划中。

尽管 InFO 07009 中的信息响应了安全建议 A-06-84，但 InFO 仅提供建议，该建议要求联邦航空管理局要求 121 部运营人就夜间起飞操作的跑道照明要求向飞行员提供指导。然而，如果联邦航空管理局能够通过调查所有 121 部运营人，确定 InFO 的指导已被采纳，那么安全委员会可以认为 InFO 是可替代的建议项。在联邦航空管理局对所有 121 部运营人进行调查以确定他们是否采用了 InFO 07009 的指导之前，安全建议 A-06-84 被归类为"开放——可接受的替代反应"。

最后，在 2005 年 2 月 16 日科罗拉多州普韦布洛市塞斯纳 Citation 560 航班事故的报告中，安全委员会讨论了飞行员接受监控技能培训的必要性，并且需要机会练习这些技能。2007 年 2 月 27 日，委员会发布了安全建议 A-07-13，要求联邦航空管理局"修改所有试点培训项目，以包含教学和强调监控技能和工作量管理的模块，并且包括在这些领域实践和证明熟练程度的机会"。如果这一建议得到实施，飞行员将接受培训，不仅有利于飞行操作，也有利于机场地面操作。

4.2　技术措施

技术的进步可以提高飞行员在机场地面导航时的位置意识。这些技术在 2007 年 3 月的安全委员会的跑道侵入论坛上进行了讨论和说明。驾驶舱移动地图显示，飞机的位置叠加在机场地面的地图上，包括所有跑道、滑行道和终端区域，将有助于飞行员在导航过程中定位方向，从而减轻地面导航错误。驾驶舱移动地图显示可能是一种有效的对策，对抗感知错误和确认偏差发生的事故。建立机场数字地图的努力被纳入联邦航空管理局安全飞行 21 计划的一部分，基于驾驶舱的地面导航工具在 2002 年跑道安全蓝图中提到。此外，研究表明，如果将机载电子地图显示扩展到机场地面导航，它们可以显著减少导航错误，如在低能见度条件下的错误转弯。

2007 年 3 月 23 日，美国联邦航空管理局宣布正在加快认证程序，以方便驾驶舱安装 2 级电子飞行包（EFB），这是一种便携式设备，可以显示各种文本和图形数据，包括移动地图。联邦航空管理局决定加速认证过程，允许 2 级 EFB 用于地面操作，地面使用这些设备的要求相比严格的 C 类标准机载设备使用要求可以宽松一些。

美国联邦航空管理局决定放宽 2 类 EFB 的地面使用标准，部分原因是该机构对这些系统安全效益的人为因素研究进行审查的结果。根据美国联邦航空管理局研究表明，飞行员在机场地面使用"我的飞机"位置显示有助于提升他们的位置意识，且最近的测试也表明，飞行员通常只需要快速扫视一眼显示屏，然后迅速观察驾驶舱外情景来验证视觉信息，从而消除飞行员对"低头"时间太长影响运行安全的担心。

美国联邦航空管理局预计将在 2007 年 4 月底之前对其在地面使用 2 级 EFB 移动地图显示器的简化认证程序提供指导。（截至 2007 年 7 月 3 日，本指南尚未发布。）在 2003 年建立的 C 级认证标准将对这些设备保持不变，但新的认证过程预计将降低其部署和实施的成本。

除了驾驶舱移动地图显示，安全委员会还审查了其他可用的技术，这些技术可能会提醒事故机组的地面导航错误。例如，在新加坡航空 006 航班发生事故后，波音公司开发了一个跑道错误告警系统，将在飞行管理计算机（FMC）中选择的跑道与飞机起飞时的位置或航向进行比较。这是一个对 EICAS 软件的可选升级，当飞机在非 FMC 选择的跑道上起飞时，系统会发出一个 EICAS 警报。

此外，霍尼韦尔还开发了跑道警报和咨询系统（RAAS），这是该公司增强地形预警系统（EGPWS）的一个附加软件。RAAS 不需要安装额外的硬件，但确实需要一架飞机配备一个全球定位系统。RAAS 使用与 EGPWS 相同的跑道数据库，在飞行员进行滑行期间，当飞机接近或在跑道上时，向他们提供语音咨询提示。RAAS 系统还为飞行员提供飞机在长度不足的跑道上，或飞机在交叉口起飞时的语音警告。此外，如果飞行员试图在滑行道上起飞，RAAS 还会向飞行员提供语音建议。霍尼韦尔进行的研究表明，RAAS 可以减轻机组可能导致错误跑道起飞的地面导航错误。目前，有 8 架 CRJ 飞机安装了 RAAS。

美国联邦航空管理局对驾驶舱地面导航和驾驶舱跑道移动地图显示系统的实施鼓励了安全委员会。然而，尽管这些技术已被证明具有安全效益，但它们并没有被强制要求使用。这些技术需要考虑是否与现有的技术干预措施的类别相同，如交通告警和防撞系统（通常称为 TCAS 和 EGPWS）。安全委员会的结论是，在驾驶舱里实施驾驶舱移动地图显示或驾驶舱跑道告警系统，将为飞行员在地面导航时提供更好的位置意识，从而提高飞行安全。因此，安全委员会认为，联邦航空管理局应该要求所有 14 CFR 的 91K、121 和 135 部运营人在飞机驾驶舱安装移动地图显示或自动系统，以便在滑行道

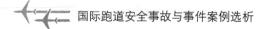

滑行或跑道上起飞时提醒飞行员。

4.3 机场地面标识标准

2002 年，美国联邦航空管理局赞助了一项研究，以确定地面标识标记是否能提高飞行员在机场滑行时的情景意识。这项由 Mitre 公司进行的研究发现，增强的滑行道中心线标记和地面等待位置标识（见图 4.1.7）可以有效提高运输类飞行员的跑道情景意识。

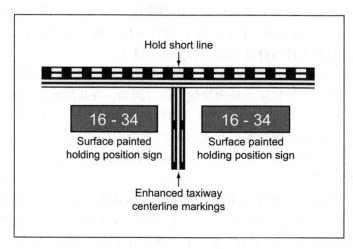

图 4.1.7　增强型的滑行道中心线与地面喷涂的跑道等待标识

美国联邦航空管理局预计将根据 Mitre 公司 2005 年 1 月报告中提出的增强型滑行道中心线标识建议，修改其机场标识标准。具体来说，美国联邦航空管理局要求，到 2008 年 6 月 30 日，所有每年客运量达到 150 万人次或以上的 139 部机场在每个跑道等待位置前都要加强滑行道中心线标识。

根据 AC 150/5340-1J "机场标识标准"，增强的滑行道中心线标识的设计是为了让飞行员更注意等待线，并有助于防止情景意识的丧失。这些标识还旨在提醒飞行员，他们正在接近跑道等待位置，"在确定等待位置的确切位置之前，他们应该进入'抬头观察'的操作模式"。

尽管美国联邦航空管理局赞助的研究发现，地面绘制的等待位置标识对提高飞行员的位置意识很有效，但美国联邦航空管理局并没有修改其对这些等待位置标识的要求。目前，只有在滑行道上等待位置宽度大于 200 英尺时才需要标识。

从人为因素的角度来看，地面绘制的等待位置标识为飞行员提供了明确的他们在机场地面的位置。这些位置标识的中心位置（靠近滑行道中心线）增加了它们的显著性，为现有的标识提供了一个关键的冗余度。

美国联邦航空管理局计划在每年增加150万人次或150万人次以上的机场加强滑行道中心线标识。然而，委员会担心，其他第139部的机场将不会被要求实施这些标识，并且只有当滑行道上等待位置的宽度超过200英尺时，才需要使用地面油漆绘制的等待位置标识。安全委员会的结论是，增强的滑行道中心线标识和地面油漆的等待位置标识提高了飞行员对跑道和滑行道环境的识别度。因此，安全委员会认为，美国联邦航空管理局应要求所有根据第14 CFR的139部认证的机场在所有跑道入口处实施增强的滑行道中心线标识和地面油漆等待位置标识。

4.4　滑行和起飞许可

如第2.1.1节所述，14 CFR 91.129（i）允许飞行员在获得滑行许可后，穿过滑行路线沿线的所有交叉跑道（不停止）。2000年7月6日，安全委员会发布了安全建议A-00-67和-68，要求在一定程度上，联邦航空管理局（1）修改14 CFR 91.129.14（i），要求所有跑道交叉授权只有特定的ATC许可和（2）修改联邦航空管理局第7110.65要求，飞机需要穿越多个跑道时，空中交通管制员需要对每个跑道给出一个明确的穿越指令。委员会于2006年4月11日将这些安全建议列为"开放——不可接受的反应"。

如果这些安全建议在事故发生之前得到执行，管制员将被要求为飞机穿越26号跑道发出特定的滑行许可，然后再为飞机发出特定的滑行许可以继续滑行到22号跑道。这些程序将使机组更好地了解飞机在滑行路线上的位置，并要求管制员直观地观察飞机位置，在飞机向起飞跑道前进时监控滑行。因此，机组的地面导航错误是可以被避免的。此外，Mitre报告还提到了飞行员和管制员对跑道穿越要求是否充足的担忧，这些飞行员和管制员大多认为修改14 CFR 191.129（i），以便对每个跑道穿越进行特定许可，将有利于安全。安全委员会的结论是，这次事故表明，14 CFR 91.129（i）可能导致造成灾难性后果的错误，因为该规定允许飞机在飞行员没有得到特定许可的情况下穿越跑道。因此，安全委员会重申了安全建议A-00-67和-68。

此外，在所有与起飞跑道相交的跑道都被穿越之前，美国联邦航空管理局的指导都没有明确禁止发出起飞许可。2007年1月4日，列克星敦空中交通经理发布了一份通告，声明在即将起飞的飞机被观察到完全穿过26号跑道之前，塔台上的管制人员不得为22号跑道发出起飞许可。这一通告将使其他含有交叉跑道的机场受益。2007 年 6 月 1 日，美国联邦航空管理局发布了通知 N JO 7110.468，要求修改发布起飞指令所需措辞。根据这一通知，管制员必须在发出起飞许可之前明确已清除所有中间跑道。然而，该通知并未指示管制员必须等到飞机穿过所有跑道后才可给出起飞许可。

安全委员会的结论是，如果管制员被要求推迟起飞许可，直到确认飞机已经穿越所有交叉跑道到达起飞跑道，将增加对机组地面导航的监控，以减少发生错误跑道起飞事件的可能性。因此，安全委员会认为，美国联邦航空管理局应该禁止在飞机滑行到起飞跑道前发布起飞许可，应当等到飞机穿过所有交叉的跑道后。

4.5 管制员的监控职责

美国联邦航空管理局第 7110.65 号令第 2-1-2 章"职责优先"规定，管制员应"优先考虑控制飞机间隔和发布安全警报"，"根据当前情况要求，对本命令的所有其他规定应进行良好判断"。该命令并没有特别要求对起飞和降落进行视觉监控，因此，管制员是否监控起飞或降落将由其自身判断决定。

除非其他主动的、与飞行安全相关的控制任务需要注意，否则管制员应该在视觉上监控起飞和到达的飞机，因为这种监控可以观测到对飞行安全的意外威胁，包括地面导航错误。因此，对起飞和降落的监控应该比执行行政任务有更高的优先级，因为这些任务虽然是需要的，但不会直接影响飞行安全，而对起飞和降落的视觉监控能提供安全保护。

安全委员会认识到，管制员可能无法持续监控其操作区域内的所有起飞和降落。对 ATC 专家的绩效标准的研究表明，本地（塔台）管制员花了大约 38% 的时间去看塔台控制室的窗外情况。这些管制员在大部分其他时间里都在观察 DBRITE 和飞行进度条，这是必要的，因为这些信息来源经常发生变化，因此需要视觉注意。即使管制员不能持续监控起飞和到达的飞机，管制员也可以优先考虑他们的职责，以便他们优先考虑监控任务，而不是管理任务。

列克星敦管制员说，当到达的飞机最后进近时，他会同时监控离开的飞机起飞，以便确保离开的飞机及时起飞，以保持足够的间隔。管制员说，他可能会决定观察其他飞机的起飞，但这一决定取决于他是否需要承担其他任务。管制员决定执行交通计数，而不是监控 Comair 航班的起飞，以及他对起飞飞机的正常监控，表明他不认为起飞和降落的视觉监控是必要的飞行安全活动。然而，在事故发生后，管制员承认，如果他一直看着塔台控制室的窗户，他可能会观察到事故飞机在错误的跑道上。

　　管理任务不应优先于雷达和塔台的监控任务。安全委员会的结论是，如果当飞机在管制员的管控区域内，管制员要专注于监控任务，而不是行政任务，额外的监控将提高发现机组错误的可能性。

　　因此，安全委员会认为，联邦航空管理局应该修改联邦航空管理局第7110.65号令"空中交通管制"部分，声明当移动的飞机在管制员的职责区域内时，管制员应该避免执行行政任务，如交通计数。

　　5. 空中交通管制人员的配备

　　2005年8月，在罗里达拉姆机场（RDU）午夜轮班期间发生了一次操作错误，导致起飞和到达飞机之间失去间隔距离。当时，一名管制员正在塔台驾驶室中执行雷达和塔台任务。美国联邦航空管理局将这一事件归因于"管制员情景意识和行动"，具体来说，管制员"未能保持持续的监控以及对雷达显示和交通情况的意识，未能理解和规划显示数据的发展趋势，未能提供必要的细节关注以确保飞机的安全运行控制"。美国联邦航空管理局关于操作错误的最终报告将交通情况描述为"适度困难"，因为管制员需要处理9架飞机（1架出发，6架到达，2架滑行）和空域内的雷暴天气，导致管制员对1架沿标准到达航路运行的飞机引导错误。

　　由于这一事件，美国联邦航空管理局在2005年8月底发布了口头指示，表明所有负责雷达和塔台工作的控制中心将在午夜值班期间配备两名管制员，以便职能分配。

　　在2005年11月，列克星敦的空中交通经理通过电子邮件通知了他的员工这一指导方针。

　　在列克星敦（00：00至08：00）的午夜班期间，人员配备往往不符合此指导方针。直到2006年1月，列克星敦的午夜班都只配备一名管制员。2006年1月至3月，午夜班40%的时间配备了两名管制员。2006年4月，午夜班又配备了一名管制员，因为白天班和午夜班的交通量增加，轮班需要第二名午夜班管制员。由于人员配备的变动，在事故发生时，只有一名管制员同时执行雷达和塔台任务。

　　如第2.3.1节所述，管制员的雷达和塔台双重职责加重了并行任务，这要求他在事故发生前几分钟内进行选择性注意。然而，管制员对并行任务的表现不应该排除对Comair 5191航班在其起飞期间的充分监控。如第2.3.2节所述，在他将美国鹰航882航班的管控权移交到印第安纳波利斯ARTCC

后，管制员的唯一运行责任就是管控 Comair 航班飞行。因此，在事故发生前的 28 秒关键期内，没有雷达任务干扰管制员的塔台任务。

管制员的工作量并不过分，在 Comair 航班的滑行和起飞期间，他有足够时间来执行所有必要的雷达任务，同时在机场地面监控运行进程。因此，安全委员会得出结论，即使空中交通经理改变了午夜轮班人数，将列克星敦原本的一个管制员配备增加为与联邦航空管理局口头指导相符的两个管制员，也不能确定这个决定导致了这次事故。

6. 其他相关问题

6.1 机场图

事故发生时，机组有列克星敦的最新 Jeppesen 航图，更新日期是 2006 年 1 月。这张图显示了 8/26 号跑道以北的滑行道 A5 和滑行道 A。然而，在事故发生时，滑行道 A5 已被重新指定为滑行道 A，8/26 号跑道以北的滑行道 A 已关闭。

Jeppesen 飞行安全经理表示，由于软件错误，Jeppesen 航图没有反映列克星敦跑道和滑行道的配置信息（2006 年 6 月 23 日从 NFDC 收到）。事故发生后，Jeppesen 于 2006 年 8 月 29 日在其网站上发布了修订后的航图，并于 2006 年 9 月 8 日发布了修订后的航图。这张航图显示了未来 8/26 号跑道以北的滑行道 A5 和滑行道 A（建设项目完成时的滑行道配置）。Jeppesen 和美国联邦航空管理局官员表示，在长期建设项目中，机场航图与机场实际出现的情况略有不同并不罕见。

此外，美国联邦航空管理局更新了 2006 年 8 月 3 日列克星敦的 NACO 图，以显示建设项目完成时的滑行道配置（标有未来的滑行道 A7，但没有显示 8/26 号跑道以北的滑行道 A5 和滑行道 A）。

美国联邦航空管理局孟菲斯机场区办公室的列克星敦建设项目经理表示，他不建议发布临时图，因为该图在建设项目之前和之后都是不准确的。

Jeppesen 航图和 NACO 航图都没有反映出事故发生时机场上的滑行道标识。然而，CVR 没有记录任何机组之间关于混淆机场滑行道的讨论，或者与 Jeppesen 航图之间的差异，当时的机场滑行道标识不会误导飞行员滑去 26 号跑道而不是 22 号跑道。然而，安全委员会认识到，在不同的情况下，机组在机场的成功导航可能需要最新的航图，而在这些情况下，航图需要完整、准确和及时。安全委员会得出结论，因为列克星敦有一个正在进行的建设项目，机组拿到的机场图中滑行道标识是不准确的，而包含在当地

NOTAM 中关于滑行道 A 关闭的信息，机组没有通过 ATIS 广播或飞行文件获得。

6.2 ATIS（自动终端信息服务）广播

机组表示已经收到了 ATIS 信息"alpha"，并且管制员在 ATIS 信息"bravo"出现时通知了机组。ATIS 广播都没有说明，作为机场建设项目的一部分，8/26 号跑道以北的滑行道 A 已经关闭。美国联邦航空管理局第 7110.65 号令，第 2-9-3g 段，"内容"规定影响开放跑道进出的滑行道关闭应包括在 ATIS 广播中。事故发生后，安全委员会确定，滑行道关闭信息已包含在 2006 年 8 月 20 日至 8 月 26 日期间每天 05：30 至 06：30 之间记录的 ATIS 广播样本中。

美国联邦航空管理局第 7110.65 号令，第 2-9-2d 段，"操作程序"允许管制员在与飞行员进行直接通信时补充 ATIS 信息。

CVR 显示，管制员并没有向机组告知 8/26 号跑道以北的滑行道 A 的状况。由于建设项目影响了 4/22 号跑道的出入口路径，ATIS 广播或管制员与飞行员的直接通信都应该包括关于改变的滑行道 A 的配置信息。

安全委员会无法确定关于 8/26 号跑道以北的滑行道关闭的信息（通过 ATIS 广播或管制员与机组的直接通信）会对这次事故的情况产生什么影响。然而，这种可能的线索不会与机组准确获得的主要线索——机场标记和标识——具有同样的显著性。同样重要的是，应该注意到，飞机在到达滑行道 A 上已经关闭的区域之前就已经转向了 26 号跑道。因此，安全委员会得出结论，管制员未能确保机组知道滑行道的配置很可能不是机组无法导航到正确跑道的一个因素。然而，委员会认识到，在不同的情况下，机组在机场成功导航可能是需要滑行道配置改变信息的，而在这些情况下，机组需要收到完整、准确和及时的 ATIS 信息。

6.3 给飞行员的当地通知

表明 8/26 号跑道以北的滑行道已关闭的当地 NOTAM 不包含在 Comair 事故航班的飞行计划系统或放飞文件中，因为该公司确定当地滑行道中的信息不影响飞行安全。安全委员会无法确定，如果有的话，这些信息会对这次事故的情况有什么影响。然而，这种可能的线索不会与机组准确获得的主要线索——机场标记和标识——具有同样的显著性。

此外，委员会对事故的分析确定，到 22 号跑道的滑行相对简单，可以利用机组可用的线索和辅助设施成功地进行。因此，安全委员会得出结论，由于当地关于改变滑行道配置的信息不涉及飞行员的寻路任务，没有包含入放飞文件中并不是这次事故的因素之一。

联邦航空管理局计划使现有无人系统现代化，这些计划包括在 2007 年 10 月之前将美国 NOTAM 系统与国际民航组织的系统相结合，以便以更及时、准确、完整和可追溯的方式处理和提供给机组，并在驾驶舱中以文本和图形格式显示 NOTAM 数据。

对于这次事故，尽管当地 NOTAM 信息对机组成功导航到正确的跑道并不是必要的，但在不同的情况下，这些信息可能是必要的。因此，安全委员会很高兴美国联邦航空管理局正在采取积极措施来改进目前的安全系统。

6.4　滑行道中心线延长部分的存在

8/26 号跑道的中心线在通过等待位置后分岔为三条，其中一条通向 8/26 号跑道以北的滑行道 A，而该滑行道已关闭，并被有红灯闪烁的路障挡住。在事故发生时，这条延伸的滑行道中心线并没有被擦除。

列克星敦的建设计划要求在该滑行道关闭后的 30 至 45 天内，拆除8/26号跑道以北的滑行道 A 及相应的滑行道中心线延长部分。但因为当时已经设置了路障，尽管相应设施尚未拆除，CVR 也没有记录任何机组对滑行道配置混淆的语言信息，安全委员会得出结论，滑行道以北 8/26 号跑道的滑行道中心线延长部分，即滑行道 A 的中心线的存在并非本次事故的因素之一。

四、建议

1. 新建议

针对本次事故调查结果，美国国家运输安全委员会提出了以下建议：

给美国联邦航空管理局：要求联邦法规 14 第 91K、121 和 135 部所有运营人制定程序，要求飞行驾驶舱里的所有机组在越过等待线起飞前，积极确认和交叉检查飞机在指定起飞跑道的位置。此要求的指南应与咨询通告 120-74A 和运营人安全警报 06013 和 07003 的指导一致。（A-07-44）

要求联邦法规 14 第 91K、121 和 135 部所有运营人在飞机上安装驾驶舱移动地图显示，或者在错误滑行道或跑道上准备起飞时会提醒飞行员的自动告警系统。（A-07-45）

要求所有根据联邦法规 14 第 139 部获得认证的机场在所有跑道入口实

施增强的滑行道中心线标记和地面油漆等待位置标识。(A-07-46)

禁止在飞机滑行到起飞跑道途中给出起飞许可，必须等到飞机穿越所有交叉跑道后。(A-07-47)

修订联邦航空管理局第7110.65号令"空中交通管制"部分，指出当移动的飞机在管制员的职责区域内时，管制员应避免执行行政任务，如交通量计数。(A-07-48)

2. 本报告中重申的以前发布的建议

美国安全委员会重申了向美国联邦航空管理局提出的以下建议：

修订联邦法规（CFR）14第91.129（i）条，要求经过所有跑道交叉点必须获得特定的空中交通管制许可，并确保美国飞行员、被指派移动飞机的美国人员以及根据CFR 14第129部运行的飞行员收到及时充分的变更通知。(A-00-67)

修订联邦航空管理局第7110.65号令"空中交通管制"部分，要求当飞机需要穿越多条跑道时，空中交通管制员在每次飞机越过前一条跑道后，对后一条跑道给出明确的穿越指示。(A-00-68)

3. 本次事故调查涉及的以前提出的建议

由于调查这次事故，安全委员会于2006年12月12日向联邦航空管理局（FAA）发布了以下建议：联邦法规14第121部所有运营人建立程序，要求所有飞机驾驶舱里的机组在穿越等待线起飞前，积极确认和交叉检查飞机位置是否在指定起飞跑道上。(A-06-83)

要求联邦法规14第121部所有运营人为飞行员提供关于夜间起飞操作的跑道照明要求具体指导。(A-06-84)

此外，委员会于2007年4月10日向联邦航空管理局发布了以下建议：

与美国国家空中交通管制员协会合作，以减少潜在的管制员疲劳。通过修改管制员工作安排政策，提供足够长的休息时间，让管制员获得足够的恢复性睡眠，修改轮班制度以减少睡眠中断和睡眠缺失的积累，避免造成认知能力的下降。(A-07-30)

为管制员和管制排班人员制定疲劳意识和对策培训计划，以解决管制员劳动力的疲劳发生率、疲劳原因、疲劳对管制员表现和安全的影响，以及使用人员策略减少疲劳的重要性。这种培训应以长期形式提供，并应定期提供复训。(A-07-31)

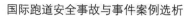

要求所有空中交通管制员完成由教员带领的资源管理技能的初始训练和复训，这将提高管制员的判断力、警惕性和安全意识。（A-07-34）

案例二　2017 年美国旧金山机场 A320 飞机着陆阶段跑道与滑行道混淆事件

一、事件概述

2017 年 7 月 7 日，23:56（太平洋夏令时，下同），加拿大航空 ACA759 航班，A320-211，在旧金山国际机场跑道 28R 落地时，飞向了一条与跑道平行的滑行道 C。有四架 28R 起飞的飞机在滑行道 C 上等待（波音 787，A340，波音 787，波音 737）。加航 759 下降到离地高 100 英尺（AGL，下同）并且飞越了滑行道上的第一架飞机，机组执行了复飞，在飞越滑行道上的第二架飞机时达到最低高度 60 英尺。见图 4.2.1 和图 4.2.2 所示。加航 759 航班上的 5 名机组人员和 135 名旅客都没有受伤，飞机也没有损伤。加航 759 是从多伦多皮尔森国际机场起飞的定期国际客班，在联邦法规 129 部下运行，申报了仪表飞行规则的飞行计划，事件发生时是夜间目视气象条件。

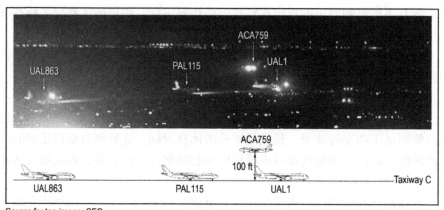

Source for top image: SFO.

图 4.2.1　ACA759 飞跃滑行道上第一架飞机（UAL1）时的监控录像截图

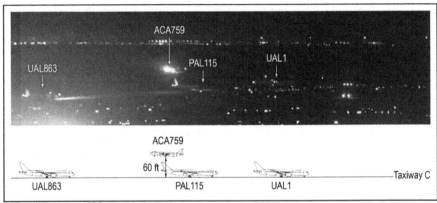

图 4.2.2　ACA759 飞跃滑行道上第二架飞机 PAL115 时的监控录像截图

　　机组都有夜间执飞旧金山机场的经历，所以可能期望旧金山机场还是跟以前一样的运行模式，但是当晚旧金山机场 28L 计划在 23:00 关闭。

　　飞机实施 28R 目视进近，按照程序要求把杆飞行员（PM）应该人工调出 28R 的 ILS，作为备份判断进近航迹的手段。但是 PM 没有这样做，负责监控的飞行员（PF）也未纠正。

　　当飞机接近跑道时，机长看到了 28R 的灯光，但是他以为那是 28L 的，而认为其右侧的 C 滑行道的灯光是 28R 跑道的。此时副驾驶忙于埋头设置复飞航向等事务而未能即时发现飞机轨迹的偏差，等到抬头时飞机已经对正了 C 滑行道，他以为对正的是 28R 跑道。

二、事件经过

1. 飞行历史

　　机长和副驾驶分别在 16:40 和 16:10（东部夏令时）签到，见面后提到了因为前序航班的延误会导致起飞时刻推迟，分析了航路天气和飞行计划，包括旧金山机场的航行通告（NOTAM）。NOTAM 中包含 23:00—08:00 跑道 28L 关闭。事件发生一周后的调查谈话中，机长和副驾驶对于跑道关闭给出了不同的描述，机长表示在 NOTAM 中看见过 28L 跑道关闭，副驾驶表示快速浏览了 NOTAM，不记得有 28L 跑道关闭，也不记得起飞前和机长讨论过跑道关闭的信息。事件发生一个月后的谈话中，机长表示和副驾驶在多伦多讨论过 28L 关闭，但他们没有过多重视这个信息，因为按照计划的起飞时刻，航班会在跑道关闭前落地旧金山。美国交通运输部（NTSB）注意到航班本来在旧金山落地的时刻是 23:03，在跑道关闭后 3 分钟。

18:25，飞机在多伦多推出，比计划时间延误 30 分钟。机长作为把杆飞行员（PF），副驾驶作为监控飞行员（PM）。

18:58，飞机起飞，自动驾驶仪很快被接通，直到在旧金山最后进近。

21:45，航路上，飞机机动穿越了雷暴区，机组表示开始感觉到疲劳。

23:21，下降前，机组通过机载设备（ACARS，一种机载数字通信设备）收到自动航站情报通播（ATIS）编号 Q，并打印。ATIS 显示"NOTAMS……跑道 28L，10R 关闭"，"经 Quiet Bridge 目视进近，落地跑道 28R 可用"，还显示跑道 28L 进近灯光系统和中线灯不工作。事件发生后的谈话中，机组表示记得 Q 编号的 ATIS，但不记得 ATIS 中是否提到过跑道关闭信息。对于经 Quiet Bridge 目视进近 28R，加航有自己客户化的杰普逊航图："FMS Bridge 目视进近 28R"，要求 A320 机队的飞行员人工输入 ILS 频率作为备份横向引导。这属于作为 PM 的副驾驶的工作之一，但是副驾驶没有输入 ILS 频率。事件发生后的谈话中，副驾驶表示"应该是错过了"，但不确定为什么会这样。进近简令期间机长也没发现缺少 ILS 频率。进近过程中两名机组都没按下"LS"按钮，也就不会发现 ILS 频率没有显示在主飞行显示器（PFD）上。机长和副驾驶都回忆不起在进近简令时是否讨论过跑道 28L 关闭。

23:27，开始离开 FL360，并管理下降过程。

23:30，机组联系上"北加州（NCT）"进近，在旧金山机场的进场航路上，高度通过 27000 英尺平均海平面气压高度（MSL），ATC 告诉机组 FMS Bridge 目视进近 28R。

23:46:08，ATC 指挥加航 759 直飞 TRDOW 航路点后加入 FMS Bridge 目视进近 28R。

23:46:19，ATC 问机组是否目视机场或大桥，机组回答目视大桥，随后 ATC 允许目视进近。

23:51，机组联系旧金山塔台，4 秒钟后塔台发布了 28R 落地许可，机组确认了落地许可。

23:52，起落架放下。

23:53，自动驾驶仪（AP）断开，高度 1300 英尺。

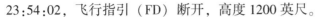

23:54:02，飞行指引（FD）断开，高度 1200 英尺。

23:54:28，经过 F101D（进近程序的最后一个航路点。加拿大航空按 FMS Bridge 目视进近 28R 的标准程序要求通过 F101D 高度 1100 英尺，断开自动驾驶仪，参照目视继续进近），高度 1100 英尺，机长右转 14° 对准 28R 跑道（事实上是滑行道 C）。事件发生后的谈话中，副驾驶说当时自己的注意力在驾驶舱内去完成 PM 的任务，如自动驾驶仪断开后根据航图设置复飞高度和航向。还有在进近航图上按照机长的要求设置跑道航向，副驾驶表示进近航图中很难找到跑道航向，不得不查阅机场平面图。机长说自己看见有灯光横穿他认为的 28R 跑道表面，让副驾驶证实一下是否有障碍物，此时副驾驶视线转移到驾驶舱外，这发生在 F101D 和高度 600 英尺之间（副驾驶回忆）。

23:55:45，副驾驶询问塔台："想确认一下，ACA759，看见有灯光横穿在跑道上，证实我们可以落地吗？"当时飞机高度通过 300 英尺。机长回忆和塔台确认之前，塔台频率里一直在通话，他们不得不等待时机。ATC 的语音记录也表明，在副驾驶确认前 61 秒钟内，塔台在和地面上的飞机持续通话。事件发生后的谈话中，塔台管制员表示在机组询问之前刚好从头到尾目光扫视了一遍 28R，机组询问后他又检查了雷达和场面监视设备（ASSC），并且重新扫描了一遍 28R，ASSC 显示 ACA759 在跑道延长线的右侧，但对于 FMS Bridge 目视进近 28R 来说，这是正常的。

23:55:52，机组通话结束后 1 秒钟，塔台回答："ACA759 已确认可以落地 28R，跑道 28R 上除了你们没有别人。"此时飞机高度通过 200 英尺，距离防波堤 0.38 海里。

23:55:58，机组确认了 ATC 的回复。飞机距离防波堤 0.08 海里。图 4.2.3 描述了 ACA759 的航迹，跑道 28R 和滑行道 C 的中心延长线。

23:55:59，塔台频率里有飞行员问"他往哪儿飞"，后来被证实是滑行道上第一架飞机（UAL1）的机长。ACA759 高度 150 英尺对正滑行道 C。

23:56:03，ACA759 飞越 UAL1，高度 100 英尺。几乎同时 UAL1 机长在塔台频率里说"他在滑行道上"，并且滑行道上的第二架飞机（PAL115）打开了着陆灯和起飞灯照亮了部分滑行道和 UAL1。

23:56:05，ACA759 发动机推力增加，俯仰姿态增加，高度 89 英尺。事件发生后的谈话中，机长表示飞机准备落地时"有些事不太合理"，"看起来不好"，所以就复飞了。机长回忆看见了 28L 的跑道灯光，并相信那是 28L 跑道（其实是跑道 28R）和 28R 跑道（其实是滑行道 C）。ACA759 的前机 DAL521 也是 FMS Bridge 目视进近 28R，DAL521 的机组表示辨认 28R 跑道的时候很容易混淆，好在他们知道 28L 关闭而且对照了导航的水平引导。ACA759 的副驾驶回忆看见跑道边灯了，但塔台证实了跑道上没有障碍物，他感觉"不对劲儿"，所以喊话复飞，因为他不能分辨他看到了什么。机长证实副驾驶的喊话是在实施复飞动作的同时。

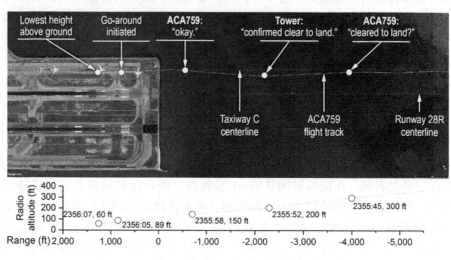

图 4.2.3　事发时加航 759 横向及纵向轨迹示意图

　　23:56:07，ACA759 飞越滑行道 C 上的第二架飞机 PAL115，到达最低高度 60 英尺。1 秒钟后开始爬升，从开始复飞到爬升 ACA759 向前飞行了 0.12 海里。

　　23:56:09，塔台指挥 ACA759 复飞。ACA759 飞越滑行道上第三架飞机（UAL863）高度 200 英尺，飞越滑行道上第四架飞机（UAL1118）高度 250 英尺。ACA759 的两位机组都表示没看见滑行道上有飞机。表 4-2-1 是时间线对应发生的事情。

　　23:56:12，塔台告诉 ACA759 机组"好像你们刚才对正了 C"，飞航向 280°上升 3000 英尺。

　　23:56:18，机组回复了航向和高度。

　　23:56:23，起落架收上。

　　23:56:28，自动驾驶仪接通。

　　23:56:44 和 23:56:55，塔台让机组联系进近。

表 4-2-1　事件与时间对应表

Event	Time	Distance from airport seawall	Airplane altitude (agl)
Tower: Cleared to land 28R.	2351:11	-11.5 nm	3,500 ft
Landing gear down	2352:46	-7.7 nm	2,000 ft
Autopilot off	2353:28	-6.0 nm	1,300 ft
Flight directors off	2354:02	-4.8 nm	1,200 ft
Passed F101D and lined up with taxiway C	2354:28	-3.6 nm	1,100 ft
ACA759: Confirm runway clear.	2355:45	-4,000 ft, -0.66 nm	300 ft
Tower: Confirmed clear to land.	2355:52	-2,300 ft, -0.38 nm	200 ft
ACA759: Okay.	2355:58	-500 ft, -0.08 nm	150 ft
UAL1 pilot: Where is that guy going?	2355:59	-500 ft, -0.08 nm	150 ft
UAL1 pilot: He's on the taxiway.	2356:03	+450 ft, +0.07 nm	100 ft
Passed over UAL1	2356:03	+450 ft, +0.07 nm	100 ft
Throttles advanced for go-around	2356:05	+850 ft, +0.11 nm	89 ft
Passed over PAL115	2356:07	+1,250 ft, +0.21 nm	60 ft
Began climb	2356:08	+1,550 ft, +0.26 nm	89 ft
Tower: Go around.	2356:09	+1,700 ft, +0.28 nm	130 ft
Passed over UAL863	2356:11	+2,200 ft, +0.36 nm	200 ft
Passed over UAL1118	2356:12	+2,600 ft, +0.43 nm	250 ft

Note: The airplane's distance from the seawall is expressed in feet and nautical miles for distances less than 1 nm.

23:57:00，机组联系进近。三边时副驾驶问机长是否设置 ILS 频率，机长同意。

7 月 8 日 00:11，ACA759 顺利落地 28R。

2. 事发之前的飞行

在事发前 4 分钟，在 ACA759 之前一架达美航空（DAL521）波音 737 客机降落在 28R 跑道上。两名机组都报告说当他们目视跑道环境后怀疑看到的是否是 28R 跑道。机长说他能看到 C 滑行道的灯光（但没有飞机），这些灯光给人的印象像是跑道道面。副驾驶报告说 28R 跑道右边有一串灯光，但不确定那是什么。

DAL521 机组报告说他们能确定他们的飞机对正的是 28R 跑道，因为他们交叉检查了横侧导航（LNAV）指示。机长说通过交叉检查横侧导航指示他可能理解 28R 跑道和 C 滑行道是为什么混淆的，因为 C 滑行道长而直的灯光能被误认为跑道的中心线。

DAL521 机组报告说如果跑道顺序闪光灯打开的话，就能指示出着陆的跑道，或者如果使用 ILS 进近就能获得精确的航道指示，这些都有助于消除我们没有对正 28R 跑道的错觉。副驾驶说 PF 始终保持飞机在跑道的 LNAV 航道上，这帮助我们消除了由于灯光和不常见的跑道构型导致的跑道混淆的风险。

3. 人员信息

机长，56 岁，持有加拿大多发陆地航线运输执照 ATPL，型别等级 A320。一级体检合格证，需戴镜飞行，事件发生时机长佩戴眼镜。从 2007 年开始飞 A320，大约 20000 小时飞行经历，包括 A320 机型 7063 小时，作为 A320 机长 4797 小时。没有事故和事件的历史，历次飞行检查通过。

副驾驶，42 岁，持有加拿大多发陆地航线运输执照 ATPL，型别等级 A320。一级体检合格证，没有限制。大约 10000 小时飞行经历，包括作为 A320 第二机长 2343 小时，没有事故和事件的历史。

4. 机场信息

旧金山机场标高 13 英尺 msl，有 4 条跑道。见图 4.2.4。跑道，滑行道，标志和灯光定期维护。图 4.2.5 是跑道 28R 和滑行道 C 的灯光显示。

跑道 28L 关闭时会有跑道关闭标志（白色闪亮的 "×"）放置在跑道入口和跑道末端。

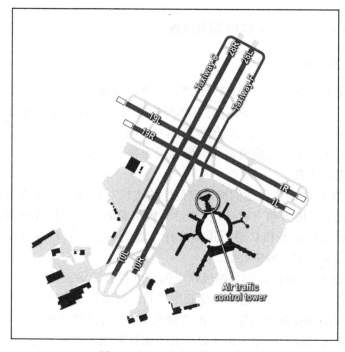

图 4.2.4　旧金山机场平面图

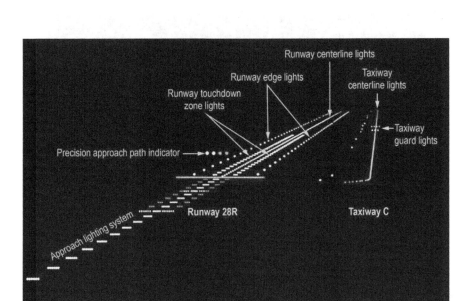

图 4.2.5　旧金山机场跑道 28R 和滑行道 C 的灯光显示

5. ATC 塔台人员配备

7 月 7 日夜间由两名执照有效的管制员值班（22:30—06:30）。23:49 频率合并，一名管制员休息，另外一名管制员值班，负责塔台、进近和地面。ACA759 证实 28R 是否可以落地的时候，值班管制员正在指挥一架飞机推出。频率里出现"他往哪儿飞"的时候，值班管制员检查了 ASSC 发现 ACA759 的信号消失，但没太关心这件事，因为他能通过塔台的窗户看见这架飞机。直到在频率里听到飞机在滑行道上空，他发现这架飞机"特别奇怪"，这时他决定指挥机组复飞。

6. ATC 塔台设备

塔台装配场面监视设备（ASSC）。图 4.2.6 是 23:56:21 ASSC 的显示。

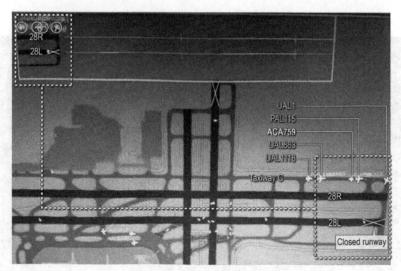

图 4.2.6　ASSC 的显示

7. 增强型近地警告系统（EGPWS）

加拿大航空的 A320 机队装配了 Honeywell 公司的 EGPWS。但这些 EGPWS 不具备"跑道意识咨询（RAAS）"功能。RAAS 在无线电高度 150~250 英尺向机组提供"注意滑行道，注意滑行道"的语音提示，如果有潜在的滑行道落地情况。

8. 机组资源管理（CRM）

机长和副驾驶都接受定期 CRM 培训，而且一名检查员还评价副驾驶整体的 CRM 为"好"。

9. 疲劳信息

加拿大航空飞行操作手册中提供了导致夜间航班疲劳的因素，并说明"昼夜节律的低谷"发生在 03:00—05:00。应对夜间航班疲劳的最好方式是小睡一会儿，哪怕是很短的时间就能让人精神焕发。

10. 飞行信息

图 4.2.7 和图 4.2.8 是 FMS Bridge 目视进近 28R 航图，图 4.2.8 中的灰度条显示人工调谐 ILS 频率的要求。

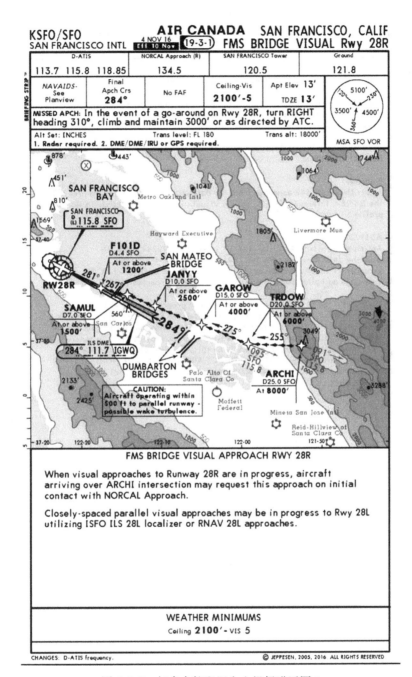

图 4.2.7　加拿大航空旧金山机场进近图 1

KSFO/SFO   **AIR CANADA** SAN FRANCISCO, CALIF
4 NOV 16 **19-3-1A** Eff 10 Nov   SAN FRANCISCO INTL

FMS BRIDGE VISUAL APPROACH RWY 28R (RNAV 28R)

The FMS Bridge Visual Approach is coded as the RNAV 28R Approach. Selecting this procedure will display the entire approach procedure, including missed approach guidance.

The FMS Bridge Visual Approach must be requested on initial contact with NORCAL Approach.

Embraer
Select the RNAV 28R approach from the database. Manually tune and preview the ILS 28R. Intercept the FMS Bridge Visual in LNAV and descend via the profile.

A319/320/321
Anticipate crossing ARCHI at 8,000'. Select the RNV28R approach from the database. Tune the ILS 28R. Intercept the FMS Bridge Visual track in NAV and descend via the profile. At or before F101D, disengage autopilot and continue as per Visual Approaches (SOP).

The FMS Bridge Visual Approach is a visual approach procedure. Crews are responsible for traffic watch. ATC may amend the FMS procedure or impose additional restrictions during the approach. Clearance may also be issued to follow the FMS path or intercept the final approach course prior to receiving clearance for the approach. When doing this, the controller should use the following phraseology: 'PROCEED DIRECT ARCHI, MAINTAIN EIGHT THOUSAND, INTERCEPT FINAL APPROACH COURSE or INTERCEPT FMS APPROACH COURSE'

NOT FOR NAVIGATION

CHANGES: None.

图 4.2.8 加拿大航空旧金山机场进近图 2

三、事件分析

1. 跑道关闭的信息

SFO 28L 跑道因为施工原定于事故当晚 23 时关闭，ACA759 飞行计划中的 NOTAM 提供了有关关闭信息。机长表示，他和副驾驶在起飞前讨论过这个信息，但他们没有太重视这些信息，因为机长认为飞机会在跑道关闭前着陆。（NTSB 注意到该航班原定于 28L 跑道关闭后 3 分钟着陆。）然而由于飞机延迟到达温哥华，飞机从登机口后推了 30 分钟，起飞时间比预定起飞时间晚约 49 分钟。尽管机组人员在飞行前的准备中知道 ACA759 的延迟起飞，但没有证据表明机组人员重新考虑了飞机在旧金山机场（SFO）进近时NOTAM 信息的重要性。例如，作为进近简令的一部分，飞行机组被要求执行威胁简令，但据报道，飞行员们通报的威胁都与关闭 28L 跑道无关。

加拿大航空公司准备抵达机场的标准操作程序表明飞行机组除其他事项外，要获得当前的 ATIS 和审阅适用航行通告。ACARS 数据显示机组人员请求获取过 ATIS 信息，编号 Q 的 ATIS 信息大约在 23:21 发送到飞机上，这是在飞机开始从巡航高度下降之前的几分钟；那时，与飞行的后期阶段相比，机组人员的工作量可能会更轻。ATIS 信息包括显示 28L 跑道关闭的航行通告，但没有一名航班机组人员回忆说看到了这条信息。

NTSB 判定这次飞行机组人员对跑道 28L 关闭缺乏了解，机组人员之前在旧金山看到两条平行跑道的经验使他们期望识别两条跑道，这导致他们错误地识别滑行道 C 而不是 28R 跑道作为预定着陆跑道。

NTSB 考虑了 28L 跑道关闭信息与机组收到的其他信息进行对比时的呈现方式和呈现优先问题。飞行放行包有 27 页长，包括航线、天气和航行通告等信息。指示 28L 跑道关闭的航行通告（"RWY 10R/CLSD 28L"）出现在放行包第八页，这也是航行通告信息的第二页，在灰色突出显示的标题"目的地"（出现在上一页）的下面。航行通告强调关闭信息时使用了粗体字"RWY"和"CLSD"，以及红色字体 * NEW * 等文本特征，在航行通告文本前有星号，如图 4.2.9 所示。然而这种强调程度并不能有效地促进机组成员审查和/或保留这些信息，特别是考虑到这些内容在航行通告的位置（接近中间），这对于信息识别性来说不是最佳的形式。

ACA 0759 CYYZ/KSFO 08.JUL.2017/0055z [printed: 07JUL/2313z] ✪

```
SFO  10.Apr.2017 0700z - 30.Nov.2017 1200z DA4069/17
SFO 04/069 SFO OBST CRANE (ASN 2016-AWP-2357-NRA) 373703N1222260W
(0.4NM WSW SFO) 251FT (240FT AGL) FLAGGED AND LGTD
1704100700-1711301200

TEMP WAT CHARTS NOT REQD.

SFO  24.Mar.2017 2254z - 16.Dec.2017 1200z DA3212/17
SFO 03/212 SFO OBST CRANE (ASN 2016-AWP-2987-NRA) 373724N1222352W
(1.1NM WNW SFO) 251FT (245FT AGL) FLAGGED AND LGTD
1703242254-1712161200

TEMP WAT CHARTS NOT REQD.

SFO  21.Mar.2017 1939z - 31.Jul.2017 1300z 1A975/17
TAXILANE M CL LGT U/S

SFO  03.Feb.2017 1340z - 03.Aug.2022 1340z DA2027/17
SFO 02/027 SFO OBST CRANE 2016-AWP-3218-NRA 373648N1222258W (1500FT
W APCH END RWY 01L) 133FT (125FT AGL) FLAGGED AND LGTD
1702031340-2208031340

TEMP WAT CHARTS NOT REQD

SFO  03.Feb.2017 1340z - 03.Aug.2022 1340z DA2025/17
SFO 02/025 SFO OBST CRANE 2016-AWP-3216-NRA 373650N1222318W (1500FT
W APCH END RWY 01L) 133FT (125FT AGL) FLAGGED AND LGTD
1702031340-2208031340

TEMP WAT CHARTS NOT REQD

SFO  04.Nov.2016 0934z - PERM 1A2850/16
APRON TAXILANE H1 CLSD

SFO  11.Oct.2016 2035z - 11.Apr.2018 2300z DA10047/17
SFO 10/047 SFO OBST CRANE (ASN 2016-AWP-2427-OE) 373536N1222306W
(1.6NM SSW SFO) 100FT (61FT AGL) LGTD 1610112035-1804112300

TEMP WAT CHARTS NOT REQD

SFO  07.Jul.2016 1857z - 10.Nov.2017 0100z DA7029/17
SFO 07/029 SFO OBST CRANE (ASN 2016-AWP-1309-OE) 373960N1222356W
(3.1NM NNW SFO) 372FT (298FT AGL) FLAGGED AND LGTD
1607071857-1711100100

TEMP WAT CHARTS NOT REQD

SFO  11.Feb.2016 1446z - 01.Aug.2017 2300z DA2057/17
SFO 02/057 SFO OBST CRANE (ASN 2016-AWP-74-NRA) 373644N1222308W
(0.6NM SW SFO) 158FT (150FT AGL) FLAGGED AND LGTD
1602111446-1708012300

TEMP WAT CHARTS NOT REQD

SFO  19.Sep.2007 1546z - UFN CN815/07  - CO NOTAM
THE DESTINATION AND/OR ALTERNATE AIRPORT IS A GROUP II FAA SPECIAL
QUALIFICATION AIRPORT. THE CAPTAIN MUST MEET CERTAIN REQUIREMENTS TO
OPERATE INTO THIS AIRPORT - SEE FOM 5.4.5.2 OR JEPPESEN AIR CANADA
"AIRPORT QUALIFICATION" PAGE.
```

Runway

```
**NEW**SFO  08.Jul.2017 0600z - 08.Jul.2017 1500z DA7026/17
SFO 07/026 SFO RWY 10R/28L CLSD 1707080600-1707081500

**NEW**SFO  08.Jul.2017 0600z - 08.Jul.2017 1500z DA7025/17
SFO 07/025 SFO RWY 01R/19L CLSD 1707080600-1707081500

**NEW**SFO  08.Jul.2017 0600z - 08.Jul.2017 1500z 1A2281/17
RWY 10R/28L CLSD

**NEW**SFO  08.Jul.2017 0600z - 08.Jul.2017 1500z 1A2280/17
RWY 01R/19L CLSD

SFO  02.Jun.2017 1357z - 21.Jul.2017 1500z 1A1951/17
RWY 28L ALS U/S
```

图 4.2.9 机组收到的放行文件

有一种现象被称为"系列位置效应"，描述了回忆一个系列中第一个和最后一个项目的倾向优于中间项目（科尔曼，2006）。驾驶舱显示的 ACARS 信息提供编号 Q 的 ATIS 信息，是 14 个连续的行，所有的文本都用相同的字体大写。如图 4.2.10 所示，指示 28L 跑道关闭的航行通告出现在第 8 行的末端和第 9 行。ATIS 信息统一呈现的方式可能使得飞行机组对跑道关闭信息难以重视。因此，有效地呈现信息是很重要的。

```
07/08/2017 06:21:11
QU DDLXCXA
ATSACXA 080621
DAI
AN C-FKCK
- /ATSACXA.TI2/KSFO ARR ATIS Q
0556Z SFO ATIS INFO Q 0556Z. 31012KT 10SM CLR 17/09 A2993 (TWO NINER NINER THREE)
QUIET BRIDGE VA IN USE. LNDG RWYS 28R. DEPG RWYS 1L. NOTAMS... RWYS 28L, 10R
CLSD. RWYS 1R, 19L CLSD. TWY J CLSD. TWY S1 CLSD. TWY F CLSD BETWEEN TWY L, RWY
1L, TWY F1 CLSD BTWN TWY L, RWY 1L. RY 28L ALS OTS, RY 28L/10R CL LGTS OTS
MULTIPLE CRANES UP TO 275 FEET, WEST AND SOUTH OF SFO AIRPORT. ASSC IN USE AC TVT
TRNSPNDR WITH MODE C ON ALL TYS AND RWYS. READBACK OF ALL RWY HOLDING
INSTRUCTIONS IS REQUIRED. ALL ACFT ARE RQRD TO INCL ACFT CLSGN IN ALL RDBKS AND<
ACKMTS. ...ADVS YOU HAVE INFO Q.281B
```

图 4.2.10　飞机收到的 ATIS 文本

NTSB 的结论是，虽然 28L 跑道关闭的通告出现在了提供给飞行机组的飞行放行和 ACARS 信息中，但没有有效传达跑道关闭信息的重要性，也未促进飞行人员对这些信息的审阅和记忆。美国国家航空航天局（NASA）的航空安全报告系统（ASRS）数据库显示，这一问题已经影响到其他机组人员。这表明所有航空公司都可以从改进飞行放行和 ACARS 信息呈现方式来显著影响信息的审核与记忆。

具体来说，当飞行员回顾信息时，他们对某个信息的扫描和记忆水平受到飞行员感知的其他信息与任务的影响。当飞行员看到与任务不太相关的信息时，他可能会错过直接相关的重要信息。尽管人的局限性（如疲劳和时间压力/工作量限制）可能会影响信息的回顾，这些限制可以通过有效的信息呈现方式来克服。例如，列表中间的项目如果"强化"处理则可以更好地记住，一个明显、清晰或突出的呈现比起视觉刺激较小的信息呈现更有可能被回忆起来（FAA 2008）。因此，美国国家运输安全局（NTSB）建议 FAA：（1）建立一个人因专家小组来审查现有的向飞行员提供飞行运行信息的方法，包括飞行放行和通用航空飞行计划服务（飞行前）和 ACARS 信息，以及其他飞行中信息；（2）创建并发布最佳实践指南，优化飞行员审查和记忆相关信息的组织方式、区分优先级并优先展示这些内容的方法；（3）加强与航空公司和服务提供商合作，实施符合以上要求的解决方案。NTSB 指出，确保航空公司飞行放行和 ACARS 信息的有效呈现和优先级，应当建立一个行业标准。

2. 进近准备

加拿大航空公司标准操作程序规定，下降准备应在下降顶点之前完成，并列出需要完成的任务。副驾驶使用多功能控制与显示组件（MCDU）设置无线电频率，然后检查飞行显示器（PFD）上的仪表着陆系统（ILS）识别信息正确。机长交叉检查并完成进近简令，包括 ILS 识别信息。ATIS 信息显示，抵港飞机正在使用"Quiet Bridge"目视进近，降落跑道 28R。机组人员使用了加拿大航空公司的 FMS Bridge 目视进近程序，是基于 Quiet Bridge 目视进近程序，落地 28R 跑道。加拿大航空公司的 FMS Bridge 目视进近图包括两页。第一页显示了进近程序，包括 ILS 平面图中 28R 跑道的频率。进场图的第二页是正文格式，并指示空中客车 A319/A320/A321 飞行员应调谐 28R 跑道的 ILS，这将为飞行机组提供备用横向引导（通过与跑道航向）。这种横向引导将作为目视程序的补充引导信息。

副驾驶说，当他在 FMC 中输入进近时，他错过了进近步骤中人工调谐 ILS 频率的程序，FDR 数据显示 ILS 频率没有输入到进近中。据加拿大航空公司人员称，飞 FMS Bridge 目视进近是该公司空客 A320 数据库中唯一需要人工调谐 ILS 频率的进近操作，这可能是导致副驾驶没有执行输入操作的原因之一（如下所述）。然而，副驾驶的错误应该被机长发现，因为这是在进近简令中应被核实进近设置的内容。如果记录驾驶舱该事件的舱音记录器（CVR）信息可用，美国国家运输安全委员会（NTSB）可能能够更好地确定是否存在注意力分散、工作负荷过大和/或其他因素，这些因素可能导致副驾驶未能手动调谐 ILS 频率以及机长未能确认 ILS 频率已调好。

NTSB 的结论是副驾驶没有按照加拿大航空公司的程序调谐目视着陆的 ILS 频率，机长没有按照公司程序核实 ILS 频率和相关标识符，所以机组人员不能利用 ILS 的横向引导以助于确保正确的跑道对正。DAL521 航班的机组人员也在实施 FMS Bridge 28R 跑道目视进近，该航班先于事故飞机飞往旧金山。DAL521 飞机安全降落在 28R 跑道上（尽管如前所述，跑道表面的识别存在容易混淆情况），因为飞行机组使用 LNAV 引导来对准跑道。

DAL521 机长当飞机在大约 300 英尺的高度时通过目视确认飞机与 28R 跑道对齐，跑道表面上画的"28R"。DAL521 机长在事后采访中说，跑道 28R 和滑行道 C 如果没有横向引导支持的话，道面可能会被混淆。

事故机长没有意识到 ILS 频率是手动调谐的，这暗示对进场准备不足。副驾驶可能错过了人工调谐 ILS 频率的步骤，因为加拿大航空公司的机组人员除 FMS Bridge 目视进近以外的任何进近都不需要采取该动作，这导致错过了发现错误的机会（飞行机组不作为）。另一可能导致副驾驶错过了加拿大航空公司 FMS Bridge 目视进近图上关于人工调谐 ILS 频率信息的原因是航图上信息的显示方式和位置。具体来说是第二页（也是最后一页）的一个段落中间嵌入了进近图的说明，如图 4.2.8 所示，这对于吸引飞行员的注意力不是最佳方式，行动项目可能会被忽略。FMS Bridge 目视进近需要人工调谐 ILS 频率的要求应该被突出强调。

NTSB 得出结论，机组人员未能手动调谐 ILS 频率是因为：（1）FMS Bridge 目视进近是加拿大航空公司的空客 A320 数据库唯一需要手动调谐导航频率的进近，因此人工调谐 ILS 频率对机组人员来说不是一个通常的程序，以及（2）供机组阅读的进近图中人工调谐 ILS 频率的指令并不明显。尽管事故航班是根据美国联邦航空规章 129 部运行的，但飞行机组使用的进近图最初是由一家 14 CFR121 部航空公司开发的。因此，NTSB 建议 FAA 与美国联邦规章 121 部（CFR121）航空公司合作，以（1）评估所有需要调谐备用频率的目视进近航图，以确定航空公司机队中 FMS 自动调谐能力；（2）识别那些需要异常或人工输入频率的进近；（3）要么开发一个自动调谐解决方案，要么确保人工调谐输入的要求在进近图上具有足够的显著性。NTSB 指出，事件发生后，加拿大航空公司把 28R 跑道的 FMS Bridge 进近修改为仪表进近程序。

NTSB 指出，作为与商业航空安全团队（CAST）共同工作的一部分，FAA 通过 CAST 的安全增强计划在顺利推动安全建议 A-18-23 FAA 中指出，CAST 在推进"一种积极主动的方法，侧重于检测风险并在发生事故或严重事件之前实施缓解策略"（FAA 2017）。

3. 进近阶段

机长实施 28R 跑道 FMS Bridge 目视进近，直到 F101D 前自动驾驶仪保持接通。在飞机到达 F101D 且自动驾驶仪断开后，副驾驶开始设置复飞高度和航向，这转移了他的注意力，使他无法在机长将飞机对准滑行道 C 时监控进近航道方向。NTSB 识别出副驾驶在适当的时间设置了复飞高度和航向（考虑到他认为飞机正以开放下降模式飞行）。然而，当机长要求副驾驶设定跑道航向时，他的注意力进一步从监控进近上转移了。副驾驶表示，他很难在进近图上找到跑道航向信息，必须在另一张图表上找到，这延长了飞机通过 F101D 后副驾驶的低头时间。

如果副驾驶在这个点上一直在监控进近，他可能已经在其他事情中意识到，ILS 频率和标识符以及跑道 28R 中心延伸线没有在他的 PFD 上显示出来。

NTSB 得出结论，在飞机通过最后一个航路点后，副驾驶专注于驾驶舱内的任务，这减少了他有效监控进近和识别飞机的注意力，并且降低了发现对错预定着陆跑道的机会。

4. 最后进近与复飞

飞机在大约 1100 英尺的高度通过 F101D。不久之后，机长注意到有灯光穿过他认为是跑道表面的地方。据副驾驶说，在那时到飞机下降到 600 英尺高度的时刻之间，机长要求副驾驶联系塔台核实跑道是否畅通。根据空管的语音记录和 NTSB 的飞机性能研究，当机组人员报告"我们看到跑道上有一些灯光，穿过跑道。你能确认我们可以着陆吗"时，飞机正在通过 300 英尺的高度。就在收到机组人员的信号之前，管制员已经扫描了跑道。当接收到信号时，管制员扫描了 ASSC 和雷达显示以检查冲突，并再次扫描了28R 跑道。管制员确认飞机可以着陆，并声明跑道上没有其他飞机。那时，飞机正在通过 200 英尺的高度。该事件的飞机性能研究表明，ACA759 继续进近，并以 100 英尺的高度飞越滑行道 C 上的第一架飞机（UAL1），当ACA759 处于 89 英尺的高度时，机组人员开始复飞。飞机性能研究还表明，在飞机开始爬升之前，ACA759 以 60 英尺的高度飞越滑行道 C 上的第二架飞机（PAL115），这导致 ACA759 和 PAL115 之间只有 10 到 20 英尺的垂直间隔。

NTSB 的结论是，机组人员在滑行道上空启动的低空复飞防止了加航飞机与滑行道上一架或多架飞机之间的碰撞。由于缺乏事发航班的舱音数据，NTSB 无法确定飞行员在复飞前和复飞期间讨论了什么信息。尽管如此，NTSB 能够确定机组人员认识到其对准错误跑道和机组人员开始复飞机动的线索。

管制员回忆说，当 ACA759 在短五边大约 1/10 英里时，飞机相对于

28R 跑道、滑行道 C 和滑行道上飞机的位置看起来"非常奇怪"。当 UAL1 的机长 23 时 55 分 59 秒通过塔台频率说"那家伙要去哪里",管制员对是谁进行了通话表示困惑。(在报话过程中,UAL1 机长没有表明自己的身份。)那时,刚刚检查过 28R 跑道两次的管制员可能正在试图处理他所看到和听到的。管制员在事后采访中表示,这一通话似乎"没有上下文"。

管制员没有理由认为 ACA759 对正了滑行道 C,直到他观察到飞机看起来"非常奇怪"。ACA759 航班机组人员报告说,飞机正在接近 28R 跑道,而 ASSC 显示器此前预测飞机将在 28R 跑道着陆。此外,塔台相对于跑道 28R 和滑行道 C 的接近端的距离和角度(视差)会使管制员很难在视觉上识别出 ACA759 与滑行道而不是跑道对齐,特别是在时间处于晚上以及跑道 28L 和机场车辆运动发出的灯光干扰。

当 UAL1 机长在第一次发送信息 4 秒钟后说"他在滑行道上"时,管制员可能已经意识到 ACA759 发生了什么。由于机组已经开始复飞机动(23 时 56 分 05 秒),在管制员发出复飞指令时(23 时 56 分 09 秒)飞机正在爬升。管制员随后告诉机组人员说飞机似乎已经与滑行道 C 对齐。

NTSB 得出结论,管制员在意识到潜在冲突后作出了适当的反应。阻碍管制员更快确定潜在冲突存在的一个因素是 ASSC 系统缺乏探测对准滑行道着陆这类情况和提供相应警报的能力。

5. 机组资源管理(CRM)失效的分析

加拿大航空公司的 CRM 手册和 CRM 能力指南除其他主题外,还涉及情景意识、工作负荷管理、主动监控,以及威胁与差错管理。事故飞行期间机组的几种行为表明机组资源管理(CRM)中出现失效问题,其中许多表现不符合加拿大航空公司的标准操作程序。这些机组的行为包括:飞行机组对飞行放行中的航行通告审查不力;机组未能识别 ATIS 中跑道 28L 关闭的信息;机组人员未能进行完整的进近简令;副驾驶未能手动调谐 ILS 频率,机长未能核实 ILS 频率的调谐;副驾驶未能对开放式下降表示担忧;和在最后航路点(F101D)机长要求副驾驶设定跑道航向,这让副驾驶感到惊讶,延长了他在飞机与滑行道对齐时的低头时间。

机长和副驾驶的 CRM 技能得到了和他们一起飞行过的其他飞行员的高度评价。此外,对加拿大航空公司 CRM 培训计划的审查表明机组接受了 CRM 培训。所以,尽管上述差错表明了事故飞行期间 CRM 发生了失效,但那些差错似乎与两名机组成员在其他飞行和机组人员 CRM 培训中的表现并不一致（除了一名检查员报告副驾驶在某一次飞行期间的表现）。对事故飞行期间 CRM 失效的可能解释包括疲劳（在后面讨论）和相关的高工作负荷，但是由于缺乏 CVR 信息，NTSB 无法确定失效的来源。

加拿大航空公司的 CRM 程序旨在反映威胁和错误管理模型。根据该模型的顶层设计，飞行人员被期望主动地进行简要说明并在遇到威胁之前缓解威胁。公司程序要求操作人员简要说明进近简令中的潜在威胁。因为两名机组人员都不记得飞行放行中 28L 跑道关闭的航行通告，也没有关注 28L 跑道关闭信息包括在 ATIS 中，他们没有识别出跑道 28L 关闭的潜在威胁。（如果机组记起了 28L 跑道关闭信息，并作为一个威胁作简报，这可以使此信息在后来更容易得到有效使用。）

根据模型的下一个层次，机组人员被期望在出现意外威胁时作出反应，管理威胁以避免差错发生。当机长将飞机与滑行道 C 对准，因为副驾驶没有调谐好 ILS 频率和机长未能核实设置是否正确，导致他没有任何横向引导来指示飞机偏离航线。此外，副驾驶作为监控飞行员要求将所有差错和情境意识问题传达给机长。然而，当机长将滑行道当作跑道对准时副驾驶是低头的，副驾驶查找跑道航向信息及设定复飞高度和跑道航向花费了时间（响应机长设定跑道航向的指令）。结果是，两名机组人员都未意识到飞机通过了最后一个航路点之后，并没有对准预定着陆跑道。

威胁和差错管理模型进一步表明，如果机组人员对威胁处理不当，可能会出现程序、沟通或处理差错。如果出现差错，机组人员能捕捉到错误，则安全裕度可以被保持。即使塔台管制员确认 28R 跑道是安全的，机组人员也认识到飞机越过海堤的时候，进近有点不对劲。据机长说，副驾驶和机长同时要求开始复飞，从而避免了滑行道上的碰撞。

即使机组人员在那一点进行了复飞，ACA759 由于开始爬升前过于接近地面（低于 100 英尺）以及 ACA759 和滑行道 C 上的飞机之间距离过小，安全裕度是严重降低的。因此，机组人员诱导的飞机状态危及安全情况——属于威胁与差错的最低级别管理模式——即无效的威胁和差错管理。

NTSB 得出结论：机组人员犯的错误，包括他们的错误假设 28L 跑道是开放的、进近准备不足、过晚识别出飞机没有对正跑道 28R，反映了 CRM 的失效，并导致飞机飞越滑行道 C 时产生过小的安全裕度。

6. 预期偏差

因为机组人员不知道跑道 28L 关闭，他们可能期望旧金山机场处于其通常的配置状态，包括认为跑道 28L 对于起飞与落地处于开放状态，以及认为可以使用滑行道 F（如图 4.2.4 所示）到达 28L 跑道的出发端。但是因为事发当晚 28L 跑道关闭，飞机只能使用滑行道 C 从 28R 跑道起飞。

机组人员在事后采访中称，滑行道 C 表面像一条跑道，他们认为是 28R 跑道。支持他们与 28R 跑道对齐的线索是滑行道 C 上飞机上的灯光。具体来说，飞机的翼尖航行灯类似于跑道边灯（横向）照明状态。此外，飞机闪烁的红色信号灯与进近灯光的特征一致。另一个造成机组感知错觉的线索是 28R 跑道上有跑道灯和进近灯，这些灯在 28L 跑道开放时也会亮起。然而，实际上 28L 跑道上的灯以及进近灯关闭，报告的 28L 跑道表面施工照明具有与机坪照明一致的特征。这里引入两个心理学概念来解释上述差错的发生。第一个概念是与感知和决策相关，该概念用来解释人会坚持错误判断的原因，被称为期望偏见（expectation bias）。期望偏见指的是人对感知要素的理解会向符合一个人的期望方向发展（Bhattacherjee，2001）。类似的概念是确认偏见，是指人有主要寻找确认其信念的证据的倾向，而同时花费较少的精力去寻找能动摇其信念的负面证据（尼克森，1998）。因此，期望偏见和确认偏见会导致一个人不正确的信念持续存在，尽管存在相互矛盾的证据。这两种偏见都是人的基本信息处理机能的一部分，并且一个人可能在感知水平上没有主动意识到这种偏见。在事故调查报告中用到了术语"期望偏见"，同时也描述了确认偏见的影响。

期望偏见在航空领域并不是一个新现象。NTSB 调查了许多因期望偏见导致飞行员失误的事故和事件，特别是在夜间目视条件下（VMC），此时飞行员可用来识别机场和跑道的线索较少。一个典型案例是，2014 年 1 月，一架波音 737 在密苏里州布兰森错误地降落在了一个非计划中的机场，当时是夜间目视气象条件（VMC）。飞行机组预期目视识别的机场和跑道就是预定目的地，没有参考驾驶舱仪表显示来验证机场和跑道状态。结果，飞机降落在格雷厄姆·克拉克市区机场的 12 号跑道上，而不是布兰森机场的 14 号跑道。此外，2013 年 11 月，一架波音 747 在堪萨斯州威奇托降落在错误的机场，在夜间目视气象条件下受机组人员期望的影响，机组认为观察到的跑道灯光来自麦康奈尔空军基地的预定着陆跑道。相反，飞机降落在詹姆斯·贾巴拉上校机场，跑道长度是预定长度的一半。在这两种情况下，表明机组人员避免错误感知的线索是可以获得的；然而，这些线索并没有被有效地使用，因为机组期望偏见的影响力超过了可用的用于校正感知错误线索。

在这起事故中，尽管机组人员认为滑行道是预定的跑道与跑道相关的照明设备没有出现在滑行道 C 上，滑行道没有精确的进近航道指示器、接地区灯、全尺寸边缘灯和进近灯，然而，缺少这些跑道具有的显著特征也没有为飞行机组人员提供足够的提示。如果飞行机组人员对跑道 28L 的关闭进行了简要说明，发生差错的概率本来是可以减小的。此外，滑行道 C 沿线的特征与跑道并不一致。举个例子，尽管沿着整个滑行道表面存在中心线灯，但滑行道中线灯为绿色，而跑道中线灯是白色的。此外，闪烁的黄色道面内嵌入警示灯也在滑行道 C 亮着，它不会出现在跑道表面上。

在事后的采访中，机组人员回忆起看到了特定的颜色提示，包括绿色滑行道中线灯。然而，尽管有这些矛盾的线索，机组人员还是继续进近了。在滑行道 C（在一条直线上）上的飞机灯光的大致轮廓可能证实了机组人员的预期，并推测右侧道面是跑道。机组对跑道环境的评估中忽视了中线灯颜色不一致的线索，这是受期望偏见的影响。

DAL521 的机长在事后采访（在 ACA759 之前的飞机）中提供了类似的判别信息。DAL521 机长说滑行道 C 上飞机亮着灯给人的印象是该道面可能是跑道。

尽管飞行机组可以利用多种线索来区分 28R 跑道和滑行道 C，同时也有足够的线索来证实机组人员的期望：即假设飞机是与预定着陆跑道对齐的。因此，一旦飞机对准了机组人员认为正确的着陆道面，他们可能不会再去积极考虑那些不一致的信息。NTSB 得出结论，对于显示飞机是在对准滑行道的线索不足以改变机组判断。期望偏见的影响，使得机组认为滑行道就是预定的着陆跑道。

7. 机组对差错的识别

据机长回忆，在最后进近时，他注意到有灯光穿过他所看到的以为是 28R 跑道的表面；这一描述与滑行道 C 上嵌入道面的跑道警告灯一致。尽管这一线索表明飞机与滑行道对齐，但机长的期望偏见继续存在，因为他认为该灯光是跑道上飞机发出的。随后机长要求副驾驶向塔台核实跑道是否清空。副驾驶在进近期间长时间低头后抬起头，这时飞机对正了滑行道。副驾驶认为飞机对正的是 28R 跑道，部分原因是他也存在飞机对准跑道的期望，副驾驶没有立即意识到前方的道面不是预定的着陆跑道。当副驾驶联系管制员时飞机距离机场附近的海堤大约 4000 英尺（0.66 海里）。

当 ACA759 继续接近机场附近海堤时，在滑行道 C 上的第二架飞机，PAL115，看到 ACA759 与滑行道 C 对齐。PAL115 机组打开了飞机的着陆灯，提醒 ACA759 机组人员。视频信息显示 PAL115 的着陆灯照亮了飞机的前表面和滑行道 C 上第一架飞机 UAL1 的尾部和侧面。大约就在这个时候，UAL1 机长做了两次通话的第一次，是关于机场上方一架飞机的位置；这些信息也是可供涉事机组识别 ACA759 处在不正确位置的线索。

当 ACA759 下降到了着陆灯能照亮下方环境的高度，地面上飞机的出现（特别是考虑到管制员刚刚告知机组人员 28R 跑道清空）以及表面上没有跑道标记的情况应该是表明飞机没有对准 28R 跑道的额外线索。

在事件发生后的访谈中，机长和副驾驶都承认由于未辨认出环境中的特定触发继续着陆的信息，导致机组决定复飞并分别喊出复飞口令。然而，上面提到的所有线索都发生在复飞开始前（23:55:59 至 23:56:05）6 秒钟内。那个时间段和当时供飞行员识别线索、作出决定和执行行动的时间一致。NTSB 的结论是当飞机接近机场附近海堤时，出现了多个明显的对准错误道面的信号，这些线索可能触发了机长复飞的决策，调查报告显示副驾驶同时要求了复飞。

8. 机组疲劳

根据机长的报告，他通常在当地时间晚上 12 点入睡，副驾驶说通常在 11 点左右感觉疲倦。事发时间处于机组当地时间 02:56，正是生理节律的最低点（人体生物钟 03:00 至 05:00）。即使休息好了，人在一天中的这个时间进行操作任务也会增加绩效功能下降的可能性（Caldwell，1997）。机组人员需要清醒的时间段与他们正常的生物钟相反，这使他们更容易受到疲劳的影响。此外，到事发时，机长已经处于清醒状态 19 个小时，副驾驶 12 个小时，而且由于航路绕飞天气，机组没有机会在受控的驾驶舱环境休息。根据 NTSB 1994 年的研究，与机组有关的重大飞行事故中，机组长时间处于清醒状态导致的疲劳可能是机组差错的重要贡献因素。研究发现清醒时间超过 11 个小时的飞行员在进行程序性和战术决策时发生错误的可能性显著高于仅在较短时间内保持清醒的飞行员。

因为疲劳导致的效能下降可能导致更高的预期倾向。对这时出现的预期倾向，克服预期倾向的难度就会增加（Harrison 和 Horne，1999）。

NTSB 得出结论，机长和副驾驶在此事件飞行期间感到了疲劳，这是由于他们长时间坚持保持清醒的状态和存在昼夜节律紊乱，这可能导致机组错误识别了跑道。

对于长期备份状态的飞行员，美国联邦航空规章 117.21（d）指出，如果分配的航班在机组人员的昼夜节律低谷状态窗口之前开始并进入该窗口，机组人员必须提前 12 小时收到报到时间通知。事件涉及的机长被分配到 08:49（美国东部时间 11:49）飞往旧金山的航班，并在 16:40（美国东部时间 19:40）报到该航班，因此提前通知时间为 7 小时 51 分钟。提前通知时间不符合美国规章关于长期备份的规定。需要说明的是加拿大法规不包括对机组最短提前收到通知报到时间的限制。

对于短期备份飞行员，美国联邦航空规章 117.21（c）（3）指出飞行机组人员的备份和值班时间不能超过 16 小时（从备份可用周期的开始）。涉事机长在 7 月 7 日（美国东部时间 11:13）08:13 收到备份电话。如果机长受到美国联邦航空规章第 117 部分飞行和值勤限制（并被认为是短期备份），他应该在 7 月 8 日 00:13（美国东部时间 03:13）前结束他的值勤期。由于起飞延迟 49 分钟，航班被迫推迟于 00:02（美国东部时间 03:02）到达旧金山登机口，预计值勤结束时间为 00:17（美国东部时间 03:17），这将超过第 117 部的要求 4 分钟。为遵守规定，航班必须在 18:54（美国东部时间 21:54）起飞；然而，飞机于 18 时 58 分（美国东部时间 21:58 时）起飞。

NTSB 的结论是，加拿大现行法规在某些情况下没有为备份飞行员提供足够的休息时间，这可能导致这些飞行员在昼夜节律低谷期运行时处于疲劳状态。因此，NTSB 建议加拿大交通部修订现行法规，以解决在夜间飞行及处在昼夜节律低谷窗口备份飞行员的潜在疲劳问题。

9. 克服期望偏见的缓解措施

期望在出现后，其内在力量一旦形成就很难克服。克服期望偏见的一个方法是通过培训来强调对观察结果的主动质疑，并正确认识不一致的情况是客观存在的。事件发生前 3 个月，加拿大航空公司实施了期望偏见培训。这是给公司飞行员的年度复习，包括一个名为"理解直觉"的视频，它解释了直觉是在一个人能够有意识地了解、交流或解释之前就感知事物的感觉。该视频还解释说，直觉表明潜在的威胁来自不同的、奇怪的或已经改变的情况。NTSB 审阅了这段视频的 PowerPoint 演示文稿（将计划在 2018/2019 年培训周期推出），文稿很好地概述了期望偏见的危害，并强调了应主动监控并提问以减轻危害的影响。

涉事机长和副驾驶在事件发生前没有接受过这种培训，计划是安排在下一次参加年度复习中。这样的培训能为机长和副驾驶提供主动调整期望、认识认知错误并尽快采取改正行动的技能。例如，在事件发生后的闲谈中，副驾驶说当他抬头看时，机长让他联系管制员以核对跑道是否可用，他认为有些事情不对劲，但无法清楚理解他所看到的情况。培训视频为飞行员提供了分析评估这种感觉的流程。具体来说，这个视频展示了在分析评估时倾听直觉的基本策略，用首字母缩写词"LIVE"来表达这种策略：listen（倾听信号）、investigate（调查发生了什么变化或者有何不同）、validate（验证和确认不同的理论）和 express（表达，向他人传达问题）。尽管机组人员最终意识到（在开始复飞之前）情况不是他们预期的那样，但他们错过了在更早阶段重新评估认识他们的期望的机会。

除了通过积极提问以克服因为人的局限性所致的（如疲劳）期望偏见之外，改进驾驶舱系统，当飞机对错了预定着陆跑道时，可以为机组提供明显提示。例如，由霍尼韦尔开发的一种系统（RAAS）整合到 EGPWS，就可以在飞行过程中提供给机组关于飞机相对于跑道位置的补充信息。

10. 关于事件报告

加拿大航空公司的飞行运行手册规定，当发生事故、事件、紧急情况或其他安全相关的事件时，飞行员应尽快通知公司签派。可报告事件包括：严重的航行错误、不稳定的进近、复飞以及任何可能造成直接影响的危险、对飞行安全的威胁。但加拿大航空公司在事故发生时的程序，没有说明"尽快"对于报告的具体时间框架意味着什么。机长表示，事件发生后不久，他没有立即向公司签派报告，原因是他"非常累"，而且时间"很晚"。没有可用的证据表明当事机组知道他们刚刚在 C 滑行道上空域飞越了四架飞机，尤其是，机组报告说（事后调查）他们没有看到任何飞机在 C 滑行道上，无线电通话也没有提及滑行道上有飞机。

事件发生后的第二天早上（7 月 8 日）07:47，涉事飞机（由另外一套机组执飞）离开旧金山前往加拿大蒙特利尔。事件发生后，机长和副驾驶于 11:00 一起讨论了此事件，并于 16:08 报告给公司签派，此时是机长和副驾驶在旧金山准备起飞的时间，该航班于 16:49 起飞。

加拿大航空公司安全、调查和研究总监表示涉事飞机在加拿大航空公司高级官员了解到事件之前飞行了大约 40 个小时。此时，有关事件的飞行舱音（CVR）信息已被覆盖，此 CVR 可用于记录 2 小时的运行数据。

NTSB 得出结论：虽然对该事件的调查已发现了重大安全问题。但是如果 CVR 可用，则还能够提供更多相关事件的信息，帮助分析事件原因。

11. ATC 方面分析

事件发生当晚，旧金山塔台配备了两名管制员，值班从 22:30 开始，到第二天 6:30 结束。在事件发生之前，管制员评估了交通复杂性，并确定交通量情况可以允许将人员配备减少到一人操作（授权为夜班人员配备），一名管制员在塔台值班，另一名管制员休息，从 23:49 开始将所有管制岗位和频率合并。

在事后访谈中，位于滑行道 C 的飞机驾驶员建议说事件发生时空管部门人手不够，具体来说，UAL1118 机长说塔台管制员"承担了太多的职能"，一名 UAL863 飞行员谈到塔台管制员"不应该是整个过程中唯一的机场管制员"。虽然没有证据表明空管工作负荷是这次事件的诱因，但是合并本地和非本地岗位的决定导致了频率上的拥塞。具体来说，事后对 ACA759 航班机组人员的访谈表明，因为塔台频率很忙，副驾驶需要花时间来等待联系管制员（确认跑道可用）。空管语音记录显示，在机组人员向管制员确认（从 23:54:44 到 23:55:45）时塔台正在与地面上的其他飞机之间进行通话。

考虑到塔台频率的拥挤，有可能 ACA759 航班机组人员在等待管制员和其他地面飞行员之间的对话完成后，才能插话表达机组对跑道灯光情况的关注。空管记录显示，当 ACA759 航班机组人员开始询问 28R 跑道是否清空，另一名飞行员正在与管制员通话。然而，因为他检查了 28R 跑道的状态，并在机组通话后 1 秒回应了 ACA759 的询问，管制员应该是清楚地听到了来自 ACA759 的通话。根据事后采访，机长要求副驾驶核实 28R 跑道是否空着可用的时间发生在飞机经过 F101D（在大约 1100 英尺的高度）和飞机到达600 英尺高度。飞机在 23:55:07 下降到 600 英尺以下，这期间 ACA759 机组人员用来等待与管制建立通话的时间花费了 38 秒。针对这一事件的飞机性能研究发现，当机组人员确认了管制员的通报，跑道空着可用后飞机距离机场附近海堤约 500 英尺（0.08 海里）。如果本地（塔台）和地面控制岗位没有合并，机组人员可能有机会更早地表达他们的担忧。

NTSB 得出结论：在机组发现跑道上的灯光后，他们决定联系管制员询问灯光情况；然而，由于塔台频率的拥塞，他们的询问时间被延迟，这减少了机组判断跑道灯光实际情况与管制员回复可以落地的时间。

12. 跑道关闭标志

不止一架飞机的机组没有看见表示 28L 跑道关闭的"×"灯光，改进关闭标志可以让飞行员更加容易注意到跑道关闭状态，包括改变闪光模式、加入闪光灯或可产生明显灯光移动，这更容易将飞行员的注意力引导到封闭跑道信息。

NTSB 得出结论：跑道关闭标志的显著性需要增加，尤其是在平行跑道配置中使用的那些标志，这有助于防止机组进近时误判跑道。因此，NTSB 建议美国联邦航空管理局：（1）进行人的因素研究，以确定平行跑道运行时如何使封闭跑道对飞行员来说更容易识别，以及（2）实施更有效的方法在夜间向在地面运行和飞行运行期间的飞行员发送跑道关闭信号。

四、安全建议

1. 给 FAA 的建议

与根据美国联邦航空规章 121 部运营的航空公司合作：（1）评估所有需要备用频率的目视进近图，来确定航空公司机队中飞行管理系统的自动调谐能力；（2）识别那些需要不经常输入信息或需要人工输入频率的进近；（3）开发自动调谐解决方案或确保人工调谐输入的要求在进近图上足够明显。

建立一个人因专家小组，审查现有的向飞行员提供飞行运行信息的方法，包括飞行放行信息、通用航空飞行计划服务（飞行前信息）、飞机通信寻址和报告系统信息，以及其他飞行信息；制作并发布最佳实践指南，优化组织、优先排序和展示这些内容信息的方式，试点审查和保留相关信息；与航空公司和服务提供商合作实施解决方案。（A18-24）

建立在 B 类主要机场着陆的飞机要求 C 类空域应配备必要系统，保证当飞机出现未与跑道道面对准的情况时向飞行员发出警报。（A18-25）

与飞机和航空电子设备制造商和软件开发商合作开发驾驶舱系统技术，在飞机没有与预定的跑道对准情况下向飞行员发出警报，一旦这样的技术可用，确定在 B 类和 C 类空域内的主要机场着陆的飞机上安装应用这些技术。（A18-26）

改良机场地面探测设备（ASDE）系统（ASDE-3，ASDE-X 和机场地面监视能力），以便探测飞行向滑行道着陆的差错并向空中交通管制员发出潜在的碰撞风险警报。（A18-27）

进行人因分析，并研究当平行跑道运行环境下，当有一条仍在使用另一条关闭使用时，明确如何使关闭的跑道对飞行员来说更加明显，研究建立一

种方法使在夜间地面运行和空中运行时能更有效地向飞行员提供跑道关闭的信号。(A18-28)

2. 给加拿大航空局的建议

修订现行法规，减少备份飞行员因值勤时间延伸到昼夜节律低谷窗口，使得夜间飞行会处于疲劳状态的可能性。(A18-29)

参考文献

[1] 国际民航组织，2022 年安全报告，2022

[2] 国际民航组织，全球跑道安全行动计划，2017

[3] 中国民用航空局，中国民航跑道安全工作指导意见，2019

[4] 印度尼西亚国家交通安全委员会，2016 年 4 月 4 日印尼雅加达哈利姆机场跑道侵入事故调查报告，2017

[5] 印度尼西亚国家交通安全委员会，2017 年 8 月 3 日印尼棉兰机场跑道侵入事故调查报告，2018

[6] 美国国家交通安全委员会，2005 年 12 月 8 日美国芝加哥机场波音 737 飞机着陆冲出跑道事故调查报告，2007

[7] 法国民航安全调查局 ，2013 年 3 月 29 日法国里昂机场 A321 飞机着陆冲出跑道事故调查报告，2015

[8] 巴基斯坦民航局安全调查委员会，2015 年 11 月 3 日巴基斯坦拉合尔机场波音 737 飞机着陆偏出跑道事故调查报告，2016

[9] 印度民航局调查委员会，2016 年 5 月 7 日印度印多尔机场 ATR 72 飞机着陆偏出跑道事故调查报告，2018

[10] 印度民航局调查委员会，2016 年 12 月 7 日印度果阿机场波音 737-800 飞机起飞偏出跑道事故调查报告，2017

[11] 美国国家交通安全委员会，2006 年 8 月 27 日美国列克星敦机场庞巴迪飞机起飞跑道混淆事故调查报告，2007

[12] 美国国家交通安全委员会，2017 年 7 月 7 日美国旧金山机场 A320 飞机着陆阶段跑道与滑行道混淆事件调查报告，2018